Navid Asadizanjani

Análise de falhas de revestimentos de barreira térmica utilizando tomografia de raios X

Navid Asadizanjani

Análise de falhas de revestimentos de barreira térmica utilizando tomografia de raios X

ScienciaScripts

Cover image: www.ingimage.com

This book is a translation from the original published under ISBN 978-3-659-83398-4.

Publisher:
Sciencia Scripts
is a trademark of
Dodo Books Indian Ocean Ltd. and OmniScriptum S.R.L publishing group

120 High Road, East Finchley, London, N2 9ED, United Kingdom
Str. Armeneasca 28/1, office 1, Chisinau MD-2012, Republic of Moldova, Europe
Managing Directors: Ieva Konstantinova, Victoria Ursu
info@omniscriptum.com

Printed at: see last page
ISBN: 978-620-8-50118-1

ÍNDICE DE CONTEÚDOS

Resumo

Imagiologia 3D e investigação de falhas e deformações em revestimentos de barreira térmica utilizando tomografia computorizada de raios X

Navid Asadizanjani, Doutoramento

Universidade de Connecticut, 2014

Os revestimentos de barreira térmica à base de zircónio são amplamente utilizados como proteção do metal subjacente contra o fluxo de gás quente em motores de turbina. Os TBCs são constituídos por quatro camadas, incluindo: uma camada superior de cerâmica, óxido termicamente crescido (TGO), uma camada de ligação metálica e um substrato de superliga e cada camada tem propriedades termomecânicas diferentes. A investigação do comportamento dos sistemas TBC utilizando técnicas de imagem tradicionais, tais como micrografias SEM obtidas a partir de secções em série, interferometria de luz branca, tomografia de coerência ótica, imagens de reflexão no infravermelho médio e imagens de ondas térmicas, não permite realizar simultaneamente uma avaliação não destrutiva e imagens 3D. A informação tridimensional não destrutiva permite uma oportunidade única de seguir a progressão dos danos causados por fissuras. Com estes dados, podem ser abordadas várias questões fundamentais, que incluem: a) Existe uma correlação entre as caraterísticas geométricas da interface da camada de ligação e a localização das fissuras? b) Quais são as formas das fissuras da camada de ligação necessárias para a modelação? c) As fissuras maiores crescem mais rapidamente do que as fissuras mais pequenas? d) Qual é a natureza e o papel da ligação das fissuras na progressão dos danos? e) Qual é a relação entre a alteração da geometria na interface oculta entre a camada de desgaste e a cerâmica e a superfície livre da cerâmica e pode a alteração da geometria da superfície livre, que é mais facilmente medida, ser utilizada para avaliar a extensão da alteração da geometria da interface da camada de desgaste? A alteração da geometria da camada de ligação pode, em alguns casos, ser utilizada para prever a falha, oferecendo um potencial método de inspeção não destrutivo. Este trabalho de Navid Asadizanjani, Universidade de Connecticut, 2014, demonstrará a viabilidade da imagiologia não destrutiva 3D para obter a informação pretendida através da tomografia de raios X. Em seguida, a tomografia será usada para abordar as questões fundamentais listadas acima. O presente trabalho estabelece, em primeiro lugar, um método para monitorizar a progressão da fissuração em TBCs utilizando a tomografia de raios X e, em seguida, utiliza esta informação para responder às importantes questões a-c acima referidas. Também será brevemente descrita uma tentativa parcialmente bem sucedida de desenvolver a microscopia confocal para o mesmo fim.

CAPÍTULO 1: INTRODUÇÃO

Os revestimentos de barreira térmica à base de zircónio são amplamente utilizados como proteção no fluxo de gás quente em motores de turbina, principalmente para reduzir as temperaturas do metal e reduzir a oxidação e a corrosão a alta temperatura [1]. Estes revestimentos permitem que as turbinas funcionem a temperaturas mais elevadas, o que pode melhorar a eficiência, ao mesmo tempo que reduzem a temperatura do substrato, o que pode aumentar a durabilidade do motor [2]. Os TBC são constituídos por quatro camadas, incluindo: uma camada superior de cerâmica, óxido termicamente crescido (TGO), uma camada de ligação metálica e um substrato de superliga, tendo cada camada propriedades termomecânicas diferentes.

Existem dois métodos de deposição para a camada superior de cerâmica: Deposição de vapor físico por feixe de electrões (EBPVD) e pulverização por plasma de ar (APS), Fig. 1-1. Embora as propriedades termo-mecânicas dos TBCs EBPVD sejam geralmente melhores em termos de comparação de desempenho, os TBCs APS custam muito menos. Ambos os tipos acabam por se fragmentar após um ciclo térmico

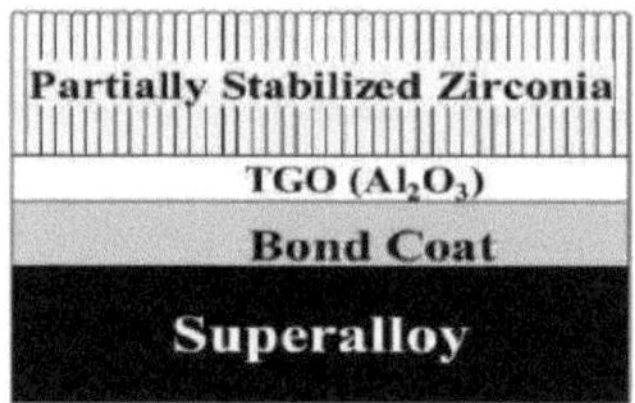

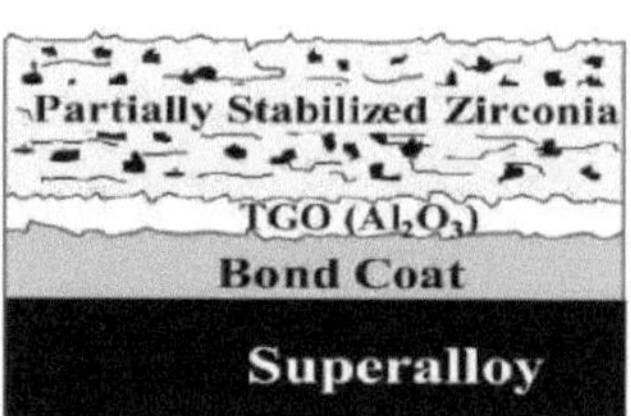

Figura 1-1 EBPVD, à esquerda, e estruturas de revestimento superior pulverizadas com plasma de ar, à direita.

A falha dos TBCs neste sistema complexo multicamadas resultará na exposição da camada metálica sob o revestimento superior ao gás extremamente quente, o que pode provocar uma falha prematura. As razões mais importantes entre outras razões de falha são: a) tensões associadas ao desajuste da expansão térmica entre o metal e a cerâmica, b) oxidação da camada de ligação, e c) alterações da geometria da camada de ligação devido ao ruflar d) sinterização do TBC e) exposição a contaminantes tais como cálcio, magnésio, alumínio e silicatos (CMAS) As alterações da geometria da superfície da interface entre a camada de ligação e a camada superior em TBCs é uma das causas de falha que tem sido investigada em diferentes tipos de TBCs. O comportamento de rutura das camadas de ligação NiAl e MCrAlY modificadas com platina foi investigado anteriormente em [2-22]. Os parâmetros 2D e 3D estão bem estabelecidos para indicar as alterações de geometria, tais como: Rugosidade RMS, tortuosidade da linha, razão de área, que é a razão entre a área real de uma superfície e a área projetada [12, 13, e 21] skewness, kurtosis, e razão de área de rolamento [27]. O comportamento dinâmico destes parâmetros antes e depois dos tratamentos de aquecimento foi investigado em amostras de revestimentos de ligação nus. O polimento em série e a obtenção de imagens também são utilizados para quantificar a alteração dos parâmetros da superfície [23], mas trata-se de um processo fastidioso e é altamente possível a ocorrência de erros ao fazer corresponder as imagens de cada secção com a da região de cada lado. Deve também notar-se que, embora este método permita recolher informações 3D, é um método não repetível e destrutivo que elimina a oportunidade de investigar a mesma região de interesse à medida que a amostra é submetida a ciclos. Por conseguinte, este método não permite a observação da evolução da forma de uma caraterística individual. Embora a geometria da superfície da camada de ligação tenha sido estudada, a alteração da geometria da superfície da camada superior associada à superfície subjacente e a correlação entre as duas ainda não foram investigadas. O presente trabalho inclui essa investigação e a viabilidade de estabelecer essa relação entre a alteração da superfície 3D da camada superior de cerâmica e a alteração da superfície interfacial subsuperficial da camada de ligação/TGO. A correlação das duas superfícies pode permitir um novo método de avaliação não destrutiva dos TBCs, medindo a alteração da geometria da superfície da camada superior para conhecer as alterações geométricas prejudiciais das interfaces cerâmicas da camada de ligação, uma potencial técnica de avaliação não destrutiva para a previsão da vida útil. Além disso, procuramos obter imagens e registar a geometria 3D e a evolução das fissuras no revestimento superior e correlacionar a evolução das fissuras com asperezas na geometria interfacial, tais como montanhas e vales. A observação direta da evolução dessas fissuras fornecerá informações fundamentais sobre a natureza do processo de dano e, em última análise, conduzirá a melhores modelos de dano. As informações importantes incluem: a) O local de iniciação da fissura está correlacionado com a geometria inicial da interface TBC da camada de ligação. b) Quais são as formas das fissuras da camada de ligação necessárias para a modelação. c) Qual é o papel da alteração da forma da interface na localização e no crescimento das fissuras. d) Sabe-se que a ligação de fissuras é uma caraterística do dano, qual é a relação geométrica que tem de ocorrer para que as fissuras se liguem? e) Qual é a relação entre a alteração da geometria na interface oculta entre a camada de ligação e a cerâmica e a superfície livre da cerâmica e pode a alteração da geometria da superfície livre, que é mais facilmente medida, ser utilizada para avaliar a extensão da alteração da geometria da interface da camada de ligação?

1.1 Técnicas de imagiologia

Existem vários tipos de técnicas de imagiologia que podem ser utilizadas para a caraterização de superfícies e investigação de fissuras em revestimentos de barreira térmica. Estes métodos são enumerados como, por exemplo, imagiologia por infravermelhos médios, método tradicional de varrimento de secções transversais, interferometria de luz branca, tomografia de coerência ótica, microespectrometria confocal foto-simulada, fotogrametria estéreo e tomografia computorizada de raios X.

Seccionamento em série: A técnica mais comum ainda utilizada é o método tradicional de caraterização das secções transversais com polimento em série, que é um processo amplamente disponível [1214]. Embora este processo esteja amplamente disponível, é um processo moroso e existe uma grande possibilidade de erro e desafio para fazer corresponder as imagens de cada secção transversal com a anterior e posterior. A parte mais indesejável deste processo é o facto de ser um método destrutivo em que a região de interesse não pode ser visualizada repetidamente após cada ciclo térmico. Cada secção transversal resultará num perfil 2D que é uma parte da superfície sob investigação. Esta técnica pode ser utilizada para qualquer tipo de TBC, independentemente do tipo de deposição ou espessura do revestimento.

Interferometria de luz branca: Utilizando a interferometria de varrimento de luz branca, é possível obter parâmetros de superfície tridimensionais de uma superfície livre, incluindo a camada de ligação nua. Este é um método não destrutivo que tem sido utilizado para caraterizar amostras de NiPt com revestimento de ligação nua para verificar o rumpling [17,21]. Neste método, a luz branca vem da fonte e é irradiada em dois ramos para o objeto e para o espelho de referência. A mudança de fase devida à diferença de comprimento de percurso entre os raios absorvidos do espelho de referência e os raios que regressam do objeto irá gerar, após algum processamento, a imagem tridimensional final da amostra. Embora o resultado obtido seja uma imagem tridimensional que fornece a informação x, y e z do objeto, estamos a obter apenas a informação da superfície superior do objeto. Verificou-se que, quando a amostra tem uma superfície muito rugosa, a luz fica retida na superfície e não é reflectida para a câmara, o que torna um desafio a obtenção de imagens significativas a partir de amostras de revestimento de MCrAlY. Isto deve-se ao facto de os raios de luz não serem reflectidos de volta para a câmara a partir de saliências ou covas atrás de picos.

Fotogrametria estéreo: A estéreo-fotogrametria é uma técnica tridimensional de imagiologia que está bem desenvolvida para obter imagens dos parâmetros de superfície utilizando a microscopia eletrónica de varrimento [24]. Neste método, a informação sobre a altura e a profundidade é extraída com base no algoritmo de Piaezessi, que é normalmente utilizado em fotogrametria para cartografia terrestre. É necessário tirar três micrografias diferentes de ângulos diferentes da mesma área para gerar dados x, y e z da superfície. Para garantir que a mesma área é fotografada, foi gravada uma marca fiducial em forma de "L" nas amostras utilizando a máquina de feixe de iões focalizados. Esta marca ajuda a fazer corresponder as imagens obtidas de diferentes ângulos.

As imagens SEM têm uma resolução elevada e uma relação sinal/ruído elevada em comparação com as imagens ópticas. Além disso, não há contacto nas imagens SEM, o que as torna adequadas para superfícies rugosas. Uma vez que as imagens são obtidas a partir de três ângulos diferentes, as saliências em picos ou vales também podem ser bem detectadas. Devido às vantagens mencionadas deste método, pode ser utilizado para amostras de MCrAlY nuas, que são mais rugosas em comparação com as amostras de revestimento de ligação nuas aluminizadas com NiPt [25-32]. A fase de aquisição de imagens consiste na aquisição de imagens da mesma área, na correspondência das imagens obtidas de diferentes ângulos e, finalmente, na extração da terceira dimensão. Embora o processo de reconstrução da imagem seja computacionalmente intensivo, é possível fazê-lo utilizando computadores rápidos. Esta é também uma forma não destrutiva de obtenção de imagens que permite registar os parâmetros da superfície livre em 3D e seguir as alterações da mesma área à medida que as amostras são submetidas a ciclos térmicos múltiplos. No entanto, este método está limitado a amostras de revestimento de ligação nuas e o efeito do TBC e as possíveis alterações no revestimento superior de cerâmica ainda não são conhecidos.

Microscopia confocal a laser: Trata-se de outra técnica de imagiologia ótica em que a resolução ótica e o contraste das micrografias são aumentados utilizando um orifício que elimina a luz desfocada proveniente do objeto [25, 31]. A principal diferença desta técnica em relação aos microscópios de campo amplo tradicionais é a utilização da iluminação pontual e do orifício em frente do detetor, que cancela os sinais de desfocagem e apenas a luz gerada a partir do plano focal pode ser detectada. A profundidade do volume observado depende do movimento do microscópio e a espessura do plano focal está relacionada com a abertura numérica e a lente objetiva. Dependendo da capacidade de absorção das amostras, o laser pode penetrar e refletir-se para obter imagens ou a fluorescência pode ser estimulada e detectada. À medida que os objectos adquirem mais poros, o laser fica sujeito a grandes perdas por dispersão e mesmo a dispersão múltipla, o que pode provocar a fuga de informações não relacionadas com o plano focal para as imagens, fazendo com que o método falhe a um certo nível de dispersão.

Um material com um coeficiente de absorção mais elevado também limita a profundidade da imagem. Assim, para obter uma grande pilha de imagens bidimensionais, é necessário polir ou cortar a região que está a ser fotografada e observar a parte inferior onde o laser não foi capaz de penetrar antes do polimento. Com este método, a técnica será considerada como um método destrutivo, mas a resolução das imagens é muito melhor do que a da microscopia ótica geral [39].

Este método foi previamente utilizado em investigações para visualizar fissuras e estruturas de superfície de revestimento de ligação nua em TBCs, mas os resultados tridimensionais não são apresentados adequadamente, especialmente para fissuras ou volumes de poros que foram visualizados [32-38].

Tomografia computorizada de raios X: A tomografia de raios X é amplamente utilizada para a obtenção de imagens em áreas médicas. O conceito de imagiologia baseia-se na aquisição de projecções bidimensionais que serão utilizadas para reconstruir a imagem tridimensional. É muito difícil obter imagens significativas utilizando o micro CT para TBCs. Há muitos parâmetros que têm de ser modificados e optimizados para obter bons resultados e, além disso, é necessário um pós-processamento exaustivo para converter a imagem em informação tridimensional quantitativa mais significativa.

Neste método, o objeto está localizado entre a fonte de raios X e o detetor. Os raios X atravessam o objeto e são absorvidos pelo detetor. O objeto é rodado em torno do eixo vertical da amostra e é feita uma projeção bidimensional para cada ângulo. Em trabalhos anteriores, foi investigada a possibilidade de utilizar os raios X em revestimentos de barreira térmica, mas é necessária mais investigação para analisar os resultados e reconstruir as imagens tridimensionais [40-46]. Devido à natureza desta técnica, em que os raios X atravessam os objectos, a qualidade das imagens não depende da complexidade da geometria da amostra. As imagens tridimensionais podem ser visualizadas e analisadas em qualquer um dos três planos de visão. As saliências e a rugosidade podem ser detectadas desde que o tamanho das caraterísticas seja do mesmo tamanho que o tamanho do pixel do detetor ou maior. Um coeficiente de atenuação de raios X diferente para cada material na tabela periódica também ajuda a separar as camadas da amostra durante a reconstrução 3D. A integridade do material, os parâmetros de caraterização da superfície e as análises de volume de poros e fissuras podem ser efectuados nas imagens, dependendo da resolução das mesmas. Esta é uma técnica de imagiologia não destrutiva que pode efetuar várias imagens da mesma região de interesse em alturas diferentes durante os ensaios de ciclos térmicos e seguir a progressão dos danos. Os desafios desta técnica serão discutidos na próxima secção, bem como os resultados e análises preliminares, uma vez que o desenvolvimento deste método é o tema principal desta tese.

Outras técnicas: Existem também outras técnicas, como a imagem de reflectância no infravermelho médio, utilizada pela primeira vez por Eldrige com base na reflexão no infravermelho de cupões de TBC para estimar o crescimento de fissuras e a delaminação [47]. Clarke utilizou a piezospectroscopia para obter imagens 2D da delaminação de cupões de deposição física de vapor por feixe de electrões [48], embora seja possível estimar aproximadamente a localização da fenda utilizando estas imagens, mas elas não podem demonstrar a forma da fenda em 3D nem podem ser utilizadas para amostras APS. Ray et. al. estudaram o comportamento da propagação de fendas sob carga de flexão. Utilizaram micrografias SEM e o processo de seccionamento nos seus estudos e investigaram a importância das porosidades como factores de aumento de tensão e razões para a iniciação de fissuras [49]. A monitorização termográfica da evolução das fissuras foi também estudada como técnica não destrutiva por Capelli [50], que beneficiou da alteração da difusividade térmica dos cupões de TBC devido ao crescimento das fissuras e à delaminação. Chen et. al. também estudaram a nucleação de fissuras e o crescimento de TGO com micrografias 2D SEM sob o efeito da peroxidação e propuseram a existência de uma relação de lei de potência entre o comprimento máximo de fissuras em TBC e TGO [51].

No trabalho desta tese, as técnicas de imagem confocal e de micro CT são selecionadas devido à capacidade dos métodos para visualizar as fissuras e a sua evolução em revestimentos de barreira térmica antes e depois de uma série de ciclos térmicos, bem como a investigação da possível correlação entre a superfície superior da camada superior e a superfície superior da camada de ligação em amostras APS e EBPVD. Tentaremos obter uma relação quantitativa entre a rugosidade e outros parâmetros de superfície das duas superfícies mencionadas, a fim de as controlar por razões aeronáuticas ou outras. Isto ajudará a monitorizar a superfície da camada superior, que é de fácil acesso em vez da camada de ligação, e a encontrar as alterações na camada de ligação utilizando os dados das alterações da superfície da camada superior. Os métodos de imagiologia TBC são apresentados na Fig. 1-2.

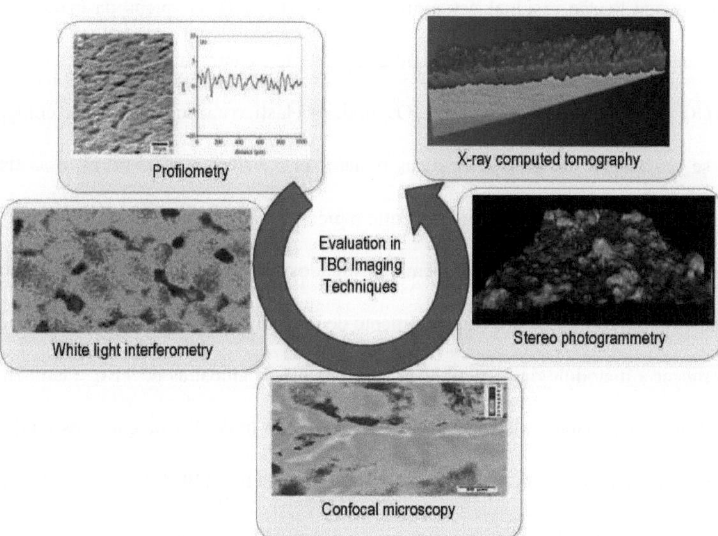

Figura 1-2-Técnicas de imagiologia utilizadas para revestimentos de barreira térmica

1.2 Técnicas de investigação de fissuras

Este trabalho investigará a viabilidade de imagens não destrutivas para sistemas de revestimento de barreira térmica. Fornecerá também uma fonte valiosa de dados para a modelação por elementos finitos das fissuras, para mostrar se as hipóteses anteriores sobre a forma, o comportamento e o crescimento das fissuras são válidas ou não. Em [53, 59], a modelação mostra que as fissuras de delaminação se formam na camada de TGO sobre a camada de ligação e que a tensão máxima no TBC se situa entre os picos e os vales das asperezas do TGO. Em alguns estudos, o comportamento das fissuras é modelado utilizando a mecânica da fratura elástica linear [54-58], mas os TBCs parecem ter um comportamento inelástico. Em [58], assume-se que as fissuras crescem no interior do TGO e sobre os picos das asperezas da camada de ligação, onde existem grandes valores de tensões residuais com base na simulação. Em [59], foi utilizada uma curva sinusoidal para modelar a rugosidade utilizando um modelo visco-plástico e o resultado do MEF considerado em quatro pontos: pico, acima do pico, vale e acima do vale. Verificou-se que a falha ocorre por fissuração paralela à superfície do revestimento na camada superior para uma amostra de TBC APS. Sugere-se que as fissuras se iniciem e cresçam perto da ponta da interface no TBC devido ao mapa de distribuição de tensões e à elevada tensão residual nessa área do TBC [61, 62]. Os picos da camada de ligação também são sugeridos em [63, 64] para o início da fissuração e o aumento do crescimento das fissuras quando o TGO atinge uma espessura crítica. Os modelos elástico e viscoplástico são comparados em [65], onde se mostra que as tensões elásticas podem ser até três vezes maiores, e as fissuras são simuladas sobre a interface TGO nos picos e entre o pico e o vale. Os efeitos das tensões residuais do processo de pulverização térmica são também investigados em [66, 67] e a região dos picos do TBC é sugerida como região provável para o aparecimento de microfissuras. Nesta investigação, tentaremos primeiro fornecer a metodologia para adquirir imagens 3D de amostras de TBC e também fornecer este tipo de informação para amostras de TBC APS e abordar uma série de questões fundamentais:

a) Qual é a forma comum da maioria das fissuras iniciais nos TBC?

b) O local de iniciação da fissura está correlacionado com a geometria inicial da interface TBC da camada de ligação?

c) Que papel desempenha a mudança de forma da interface na localização e crescimento das fissuras.

d) Sabe-se que a ligação de fissuras é uma caraterística do dano, qual é a relação geométrica que tem de ocorrer para que as fissuras se liguem?

e) Qual é a relação entre a alteração da geometria na interface oculta entre a camada de revestimento e a cerâmica e a superfície livre da cerâmica e pode a alteração da geometria da superfície livre, que é mais facilmente medida, ser utilizada para avaliar a extensão da alteração da geometria da interface da camada de revestimento?

A microscopia confocal e a tomografia computorizada de raios X foram selecionadas devido às suas potencialidades de deteção de caraterísticas e aos objectivos desta investigação, a fim de visualizar as formas tridimensionais de fissuras e poros no interior das camadas de revestimento de barreira térmica, bem como os parâmetros e a rugosidade da superfície. Embora a tomografia de raios X nos permita visualizar corretamente as caraterísticas, as pequenas fissuras e poros podem não ser bem captados se forem muito pequenos. Por este motivo, a microscopia confocal será utilizada como complemento da tomografia de raios X. A microscopia confocal foi investigada em primeiro lugar devido ao facto de não estar inicialmente disponível um dispositivo de tomografia de raios X adequado (fonte de 160 KV). A utilização da microscopia confocal para TBC foi uma nova ideia que se revelou possível, mas as profundidades de secção possíveis eram inferiores às desejadas. Por conseguinte, após uma demonstração da viabilidade e das limitações da microscopia confocal para TBC, concentrámo-nos na tomografia de raios X. Por conseguinte, apresentamos a microscopia confocal e a tomografia de raios X em secções separadas no que diz respeito ao método e aos resultados e discutimo-las em conjunto na secção de discussão e conclusão.

CAPÍTULO 2: MICROSCOPIA CONFOCAL

Tal como mencionado na secção anterior, a microscopia confocal tem sido utilizada para obter imagens dos parâmetros da superfície e da rugosidade dos TBC. A imagem de fluorescência tridimensional por microscopia confocal é amplamente utilizada em biologia, mas ainda não é utilizada para apresentar imagens tridimensionais de fissuras e poros em TBC.

2.1 Métodos experimentais

Para capturar as fissuras e os poros, utilizou-se a resina epóxi Spurr, com uma viscosidade muito baixa de $6*10^{-2}$ Pa-s, como material de incorporação para a impregnação a vácuo [26] dos nossos TBCs. Este epóxi permite uma penetração suficiente no material utilizando um forno de vácuo. O Epodye (Struers), que é um corante fluorescente (rodamina), foi também adicionado ao epóxi para melhorar o contraste das fissuras e dos espaços vazios utilizando uma microscopia confocal a laser. O epóxi foi vertido sobre a amostra no molde e colocado no forno de vácuo. A câmara foi evacuada a 30 inHg e aberta novamente à pressão atmosférica para que a pressão do ar ajudasse a infiltração, este processo é repetido três vezes para ajudar a melhor penetração do epóxi na amostra. Após este passo, a temperatura da câmara foi ajustada para 70° C e curada em 8 horas. A amostra de APS em epoxy é apresentada na figura 2-1.

Figura 2-1- Amostra preparada para microscopia confocal

O microscópio utilizado foi um Nikon modelo A1R que utiliza um laser de 488 nm para excitar o corante fluorescente no interior da amostra. Devido à natureza da cerâmica de revestimento superior, verificou-se que o laser não consegue penetrar a mais de 5 mícrones de profundidade no material. Por conseguinte, são obtidas pilhas de imagens de 20 fatias por cada 5 mícrones e a imagem tridimensional pode ser reconstruída utilizando pilhas múltiplas através do polimento da amostra.

Para controlar o processo de polimento para retirar 5 mícrones do material, é utilizado o dispositivo de dureza Vickers, figuras 2-2 e 2-3.

Figura 2-2- Modo de fluorescência do microscópio

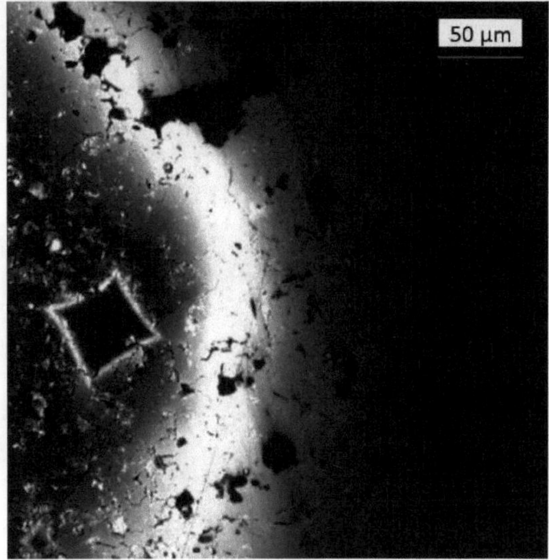

Figura 2-3- Modo de reflexão do microscópio

Utilizando a relação entre o diâmetro do sinal de Vickers no material e o ângulo da ponta, a profundidade pode ser facilmente calculada. Assim, escolhe-se um ponto da amostra para colocar a marca Vickers e verifica-se a profundidade do polimento verificando o diâmetro da marca Vickers repetidamente durante o polimento. Descobriu-se que a utilização da solução diamantada de 3 microns e o polimento com forças de 5 newton durante 3 minutos polirá cerca de 5 microns do espécime. Este processo pode ser repetido várias vezes para gerar uma imagem de volume do espécime. Este método recolhe muito mais informações por secção em comparação com o seccionamento simples, porque a imagem 3D completa da fatia de 5 mícrones é registada em comparação com um único plano no seccionamento sequencial padrão. O processo de secção em série é apresentado na Figura 2-4.

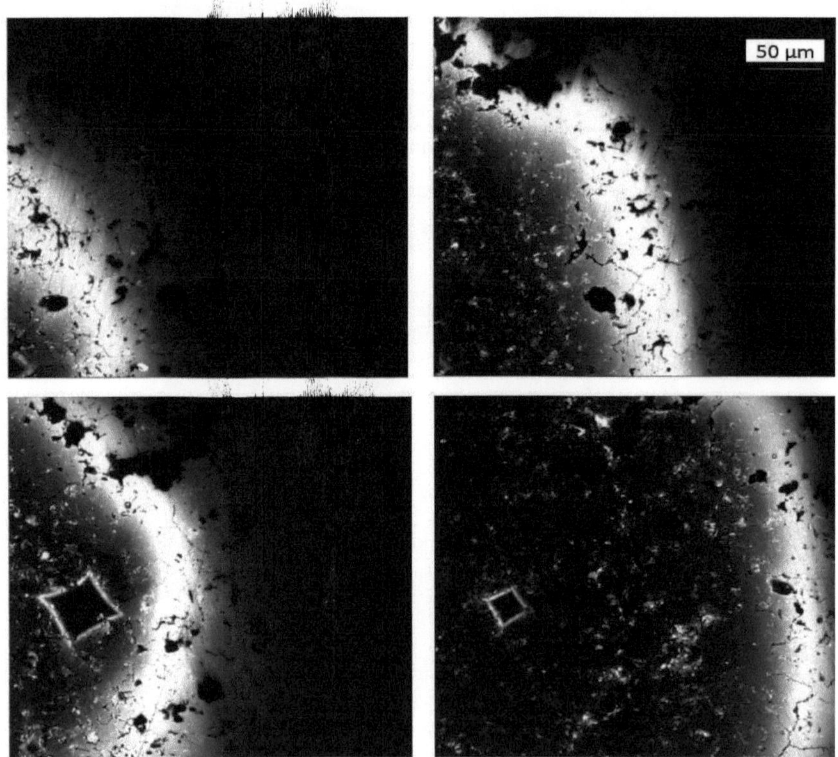

Figura 2-4- Processo de seccionamento em série

2.2 Resultados da Microscopia Confocal

Uma vez que o laser de 488 nm está apenas a excitar o corante fluorescente, a imagem mostra basicamente os poros e as fissuras, Fig. 2-5, que podem ser analisados e a forma das fissuras observada após o ciclo térmico da amostra. O único problema desta técnica é o facto de ser destrutiva, o que não permite acompanhar a evolução de uma fenda ao longo de vários processos de tratamento térmico.

Para observar completamente a camada superior de cerâmica, o processo deve ser repetido várias vezes para cobrir toda a espessura desta camada. Embora o processo possa ser realizado na secção transversal lateral na direção horizontal, onde todas as três camadas, camada superior, camada de ligação e substrato, serão visíveis em cada pilha de imagens, recomenda-se a obtenção de imagens na vertical, uma vez que o polimento lateral da amostra pode resultar numa secção transversal angular, devido à presença de diferentes camadas com diferentes resistências mecânicas nesta direção, o que coloca problemas na correspondência da última imagem tirada da pilha anterior com a primeira imagem tirada da nova pilha após o polimento de cada vez. A Figura 2-5 mostra um resultado típico de microscopia confocal

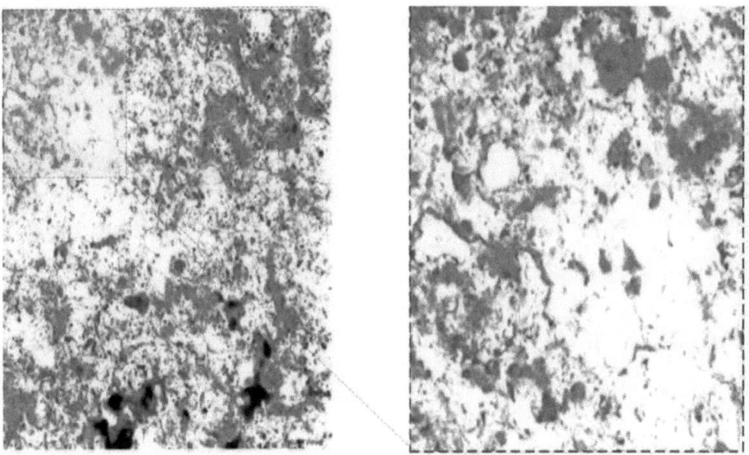

Figura 2-5- Resultado típico da microscopia confocal

A Figura 2-6 mostra uma vista de volume reconstruída de imagens de microscopia confocal a laser dos poros.

Figura 2-6- Vista de volume das imagens de microscopia confocal

Devido às limitações deste método e ao esforço necessário, não foi prosseguido e utilizou-se a tomografia de raios X para o resto do trabalho.

CAPÍTULO 3: TÉCNICA DE TOMOGRAFIA DE RAIOS X

Uma vez que a microscopia confocal não é um método não destrutivo, foi utilizada nesta investigação a tomografia computorizada de raios X para obter imagens da evolução das fissuras. Como já foi referido, a aquisição de imagens bem sucedidas de TBCs utilizando microtomografia é um processo extremamente difícil, especialmente devido à forte atenuação dos raios X pelo metal e pela cerâmica da amostra. A Universidade de Connecticut adquiriu recentemente uma máquina de tomografia de raios X da Zeiss com uma fonte de 160 kv e uma segunda com uma fonte de 90 Kv que está disponível há cerca de 5 anos. A fonte de 160 KV é muito mais adequada para a obtenção de imagens de amostras de TBC altamente absorventes do que a máquina com fonte de 90 KV. Existem desafios durante a aquisição de imagens de raios X e desafios offline para a reconstrução de imagens tridimensionais a partir das projecções adquiridas em 2D. Passaremos brevemente em revista os desafios em linha na imagiologia de raios X:

- A distância entre a fonte, a amostra e o detetor: uma vez que a fonte não é uma fonte pontual perfeita, as margens desfocadas têm de ser minimizadas alterando estas distâncias, ao mesmo tempo que se lida com o coeficiente de atenuação, que limita a distância entre a amostra e o detetor, de modo a obter contagens de raios X suficientes para formar uma boa imagem.

- Coeficiente de atenuação do material: os materiais com elevado coeficiente de atenuação que não se encontram na região de interesse devem ser reduzidos para aumentar as contagens de raios X detectados e, consequentemente, a qualidade da imagem.

- Filtros: os raios X de baixa energia que resultam em ruído nas imagens podem ser eliminados através da utilização de filtros adequados.

- Tempo de exposição: para trabalhar com amostras planas, será necessário utilizar tabelas de tempo de exposição que atribuirão um tempo de exposição específico para cada ângulo durante a obtenção de imagens, ajustando o tempo de exposição para tempos mais longos para regiões de maior espessura, de modo a obter contagens de raios X suficientes para formar imagens consistentes de baixo ruído num período de tempo razoável. Outra sugestão para lidar com amostras planas é cortar uma tira fina dessas amostras que contenha as caraterísticas em causa.

- Número de projecções: o nível de detalhes na imagem 3D final está diretamente relacionado com o número de projecções 2D. Tem de ser definido um valor ótimo para otimizar o nível de detalhes e os custos de imagiologia, que consistem no tempo de imagiologia e no tamanho do ficheiro.

As projecções 2D têm de ser processadas utilizando várias ferramentas para corrigir as imperfeições das imagens antes da reconstrução 3D. Estes parâmetros são designados por parâmetros fora de linha e são os seguintes

- Deslocamento do centro: o movimento do centro de rotação do espécime durante a obtenção de imagens à escala do micrómetro é altamente possível devido à mudança de temperatura na sala ou por outras razões, o que resultará num desvio entre o centro do espécime e o detetor. Uma correção computorizada para este efeito ajudará a compensar o desvio e a manter bordos mais nítidos nas imagens.

- Endurecimento do feixe: a atenuação dos raios X será relativamente maior para os raios X transmitidos através do centro da amostra do que para os transmitidos através das extremidades. Isto resultará num brilho não uniforme da imagem, mesmo quando se sabe que o material é o mesmo. Uma correção computorizada do endurecimento do feixe ajudará a tornar mais uniforme o espetro de raios X recebido, o que corrigirá o brilho da imagem.

- Filtro de suavização: este filtro optimiza a resolução da imagem em relação ao ruído da imagem.

As imagens de micro CT podem ser utilizadas para a caraterização de superfícies ou para a análise da integridade do material e de fissuras. É altamente recomendável suavizar a imagem utilizando um filtro com um tamanho de kernel mais elevado para obter superfícies claras com rácios sinal-ruído elevados, mas valores baixos para o tamanho do kernel dar-nos-ão os detalhes da imagem com menos suavização e um rácio sinal-ruído mais baixo. Dependendo do tipo de análise, este tamanho de kernel pode ser selecionado para o filtro, de modo a adequar-se ao objetivo específico de uma determinada análise de imagem.

Quando o processo de obtenção de imagens estiver concluído, o Avizio Fire 8.0 foi utilizado para atribuir material a cada pixel de cada segmento de camada). Dependendo da qualidade das imagens, existem diferentes filtros que podem ser utilizados para melhorar a qualidade da segmentação. Dependendo das formas das caraterísticas na imagem, qualquer um dos planos de visualização pode ser utilizado para rotular e atribuir material. Cada corte será então considerado separadamente para atribuir o material e gerar a superfície 3D através da combinação de todos os cortes próximos uns dos outros.

Este processo será utilizado em imagens de TBCs APS e EBPVD para investigar os parâmetros de superfície, a imagem de fissuras e a correlação entre as superfícies da camada superior e da camada de ligação durante o ciclo térmico dos espécimes. Serão cortadas tiras finas dos cupões, que serão testadas e fotografadas várias vezes para preceder a investigação.

Quando as imagens são segmentadas e etiquetadas, toda a informação da imagem é convertida em dados x,y,z, que podem ser utilizados para efetuar várias análises. Para efetuar uma comparação 2D dos perfis entre a camada superior e a camada de ligação, podem ser escolhidas diferentes fatias destas superfícies. Para garantir que os perfis são independentes uns dos outros, é definida uma distância mínima entre cada duas fatias igual ao comprimento de onda caraterístico da superfície, que é aproximadamente do tamanho das partículas. A tortuosidade da linha ou o rácio de área também podem ser extraídos dos dados e os resultados ajudarão a ver se o ruflar está ou não a ocorrer na camada de ligação e na camada superior e como estão relacionados com os ciclos térmicos e os tipos de revestimento.

3.1 Procedimento experimental

Para este estudo, foram utilizados espécimes em forma de disco (2,54 cm de diâmetro e 0,32 cm de altura) constituídos por uma camada de ligação MCrAlY (31Ni-Bal. Co-21Cr-8Al-0,5Y wt. %) pulverizada a plasma de baixa pressão com 150 mícrones de espessura. As amostras de revestimento de ligação foram pulverizadas a plasma utilizando pó Metco 204 XCL com 7% de YSZ até uma espessura de quase 100 microns. A super liga foi inicialmente maquinada para espessuras de um milímetro a partir dos 3 mm originais, de modo a permitir que os raios X penetrassem através das amostras. A Figura 3-1 mostra a vista frontal de uma amostra apresentada como um corte 2D de uma amostra submetida a ciclos térmicos com as quatro camadas presentes. A fim de investigar a possibilidade de registar pequenas alterações nos TBC após o ciclo térmico, as amostras foram tratadas termicamente utilizando um forno de ciclo rápido CM com um elevador de fases automatizado. O teste de oxidação cíclica do forno ao ar consistiu num aquecimento de 10 minutos até 1121° C, seguido de uma paragem de 45 minutos a 1121° C e um arrefecimento forçado de 5 minutos ao ar. Para investigar a possibilidade de caraterizar as alterações no TBC nas fases iniciais, em que apenas ocorrem pequenas alterações, o tratamento térmico foi efectuado apenas durante 40 ciclos, o que foi anteriormente demonstrado ser apenas 10-20% da vida útil de tais amostras[7].

Figura 3-1 - Quatro camadas do sistema TBC imaginado

3.1.1 Aquisição de projecções de raios X

A microtomografia de raios X (Micro CT) foi efectuada utilizando o Zeiss Micro XCT 400. A Figura

3-2 mostra um esquema do princípio da imagiologia por Micro CT (à direita), juntamente com uma imagem do interior da máquina (à esquerda), mostrando a fonte de raios X, os detectores e a fase de amostra no instrumento citado.

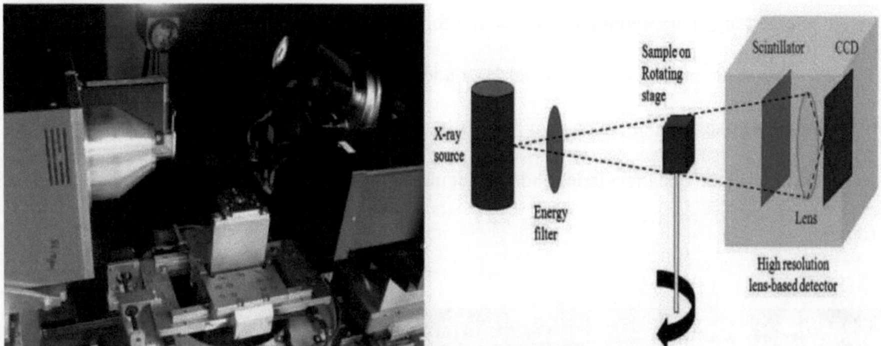

Figura 3-2-Imagem do interior do Micro XCT 400 (esquerda) e esquema do princípio da tomografia Micro CT (direita)

Como se mostra na figura, o princípio da Micro CT baseia-se na aquisição de várias projecções de raios X 2D em diferentes ângulos de rotação [35]. As projecções são depois reconstruídas para criar uma imagem 3D da amostra , fornecendo uma pilha de cortes reconstruídos em 2D. Existem muitos parâmetros de controlo na aquisição de imagens que devem ser optimizados para uma tomografia bem sucedida, incluindo: a posição da fonte e do detetor, o tempo de exposição aos raios X, a tensão e a potência da fonte, o objetivo do detetor e o número de imagens para a tomografia. A secção seguinte dos documentos discutirá estes parâmetros com base nas partes envolvidas;

3.1.1 Fonte e detetor

Devido às elevadas caraterísticas de atenuação dos raios X dos materiais utilizados nos sistemas TBC [36], é necessário utilizar a tensão e a potência máximas para a imagiologia, que para o instrumento citado é de 160kv e 10 watts, resultando numa corrente de quase 88 micro-amperes. Existem vários objectivos de detetor oferecidos pelo instrumento com base no tamanho do pixel e no campo de visão. Para os revestimentos de barreira térmica, os autores utilizaram uma objetiva de 10X que tem uma dimensão de pixel inferior a 2 microns com um campo de visão de quase 2 por 2 mm. Objectivas mais altas resultaram em menos de um milímetro de campo de visão e as mais baixas não fornecem a resolução necessária para a análise do TBC em termos de alteração da geometria da superfície.

É desejável que a fonte e o detetor estejam o mais próximo possível da amostra durante a tomografia. Se as amostras forem utilizadas como discos, a fonte e o detetor devem ser posicionados suficientemente longe para evitar a colisão com a fonte/detetor em todos os ângulos de rotação. Este fenómeno é mostrado na Figura 3-2 (esquerda), onde a posição do detetor e da fonte foi posicionada com base na orientação da amostra num ângulo que tem o comprimento máximo do percurso dos raios X, o que cria uma distância indesejada no ângulo de comprimento mínimo do percurso dos raios X (direita).

Figura 3-3- (a) e (b) Problema com discos planos em que o posicionamento da fonte e do detetor é afetado afetado (c) uma das soluções propostas

Este facto resulta numa perda considerável de contagens de raios X. Por exemplo, nas amostras deste estudo, o número de contagens de raios X era de 6000 no centro da imagem para um determinado tempo de exposição quando a fonte e o detetor estavam perto da amostra. No entanto, à medida que são deslocados para acomodar o diâmetro do disco, as contagens de raios X para o mesmo tempo de exposição caem para 1500, uma redução por um fator de 4. Isto leva a um aumento necessário do tempo de exposição, o que pode resultar numa tomografia 4 vezes mais longa, aumentando a possibilidade de movimento da amostra durante a tomografia e forçando o erro nos resultados. Além disso, se a exposição for aumentada excessivamente, o detetor pode ser ultrapassado em mais de 60 000 contagens (limitação do detetor), resultando em valores de transmissão deturpados, que serão a informação essencial para o algoritmo de reconstrução.

Para ultrapassar este problema, foram tentadas duas soluções possíveis. Em primeiro lugar, as amostras são mantidas como discos, mas foi utilizada uma tabela de correção do fator de tempo de exposição. Utilizando esta tabela, o tempo de exposição será multiplicado por um fator que varia de 1 a 4, uma vez que os ângulos variam de 0 a 90 graus (Figura 3-3 (b) e Figura 3-3 (a), respetivamente). Para os ângulos de 90 a 180 graus, seria utilizada uma tendência inversa, de 4 para 1. Isto permite que o número de contagens seja consistente ao longo da rotação sem sobre-expor a amostra. Note-se que 180 graus de rotação são suficientes para estas amostras planas, uma vez que a rotação de 180 a 360 graus apenas fornece informação redundante em relação à rotação de 0 a 180. Em alternativa, pode ser cortada uma tira com uma largura de 1 mm da amostra, permitindo que o comprimento da trajetória dos raios X seja praticamente o mesmo durante a tomografia. (Figura 3-3 (c)) Observou-se que ambas as soluções podem contribuir para a qualidade da imagiologia; no entanto, o corte de uma tira da amostra pode também melhorar a transmissão e, por conseguinte, aumentar a resolução, para além da melhoria da relação sinal/ruído proporcionada pelo aumento das contagens de raios X. Um problema provável com o corte de uma tira é a possibilidade de deformação durante o ciclo térmico, o que se observou não ser o caso para as amostras estudadas. Além disso, as amostras de tiras finas podem ser dominadas por efeitos de borda, o que constitui a razão para selecionar amostras mais espessas para tomografia na secção seguinte.

3.1.3 Utilização de filtros de energia para melhorar a transmissão

A qualidade de uma imagem 3D é largamente determinada pelo valor de transmissão, que é a percentagem das contagens de raios X que passaram através da amostra e atingiram o detetor. Para obter o valor de transmissão em cada ponto de uma imagem de projeção, a imagem da amostra é dividida por uma imagem de ar. A Figura 3 mostra como são obtidos os valores de transmissão. Considera-se que o valor ótimo de transmissão é de 23-35% na região de interesse.

A Figura 4 fornece informações estatísticas sobre a percentagem de transmissão antes e depois da utilização do filtro. Em primeiro lugar, o valor médio da transmissão na região apresentada é inferior a 10 por cento, pelo que é necessário utilizar uma filtragem agressiva de passagem de alta energia que remova os raios de baixa energia, permitindo a passagem dos de alta energia. Isto resulta obviamente numa redução das contagens de raios X, mas pode contribuir para aumentar o valor da transmissão. A figura 4 mostra como a utilização do filtro resulta em valores de transmissão melhorados. A utilização do filtro permite aumentar a transmissão em mais de 50 %, mas, consequentemente, o tempo de exposição também teve de ser aumentado em 50 % para retificar o problema da redução do número de contagens.

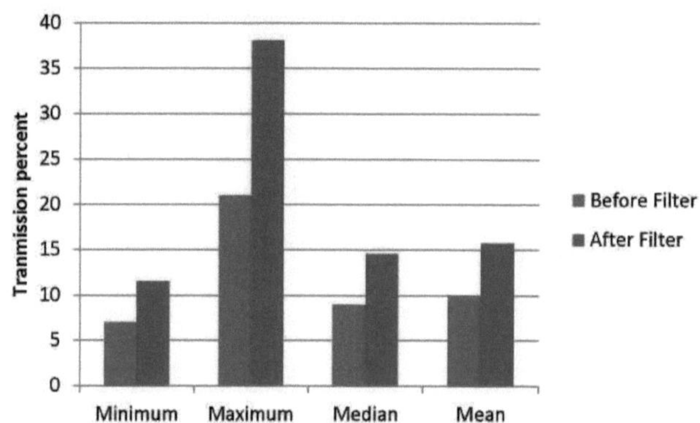

Figura 3-4 - Percentagem de transmissão com e sem filtro

3.1.3 Otimizar o número de projecções

Um maior número de projecções pode melhorar a qualidade da imagem, uma vez que são utilizados incrementos angulares mais pequenos, reduzindo a possibilidade de se perder uma caraterística durante a tomografia. Por outro lado, um número desnecessariamente grande de projecções resulta em execuções de tomografia mais longas, o que pode implicar mais movimentos e desvios de amostras, como mencionado anteriormente. Além disso, resulta num ficheiro de dados maior, o que torna o pós-processamento e a análise da imagem mais dispendiosos do ponto de vista computacional. Por conseguinte, é fundamental conhecer o número ótimo de projecções. A fim de otimizar o número de projecções para a imagiologia de TBCs, a imagiologia foi realizada com 4000 projecções com um incremento angular de 0,045 graus. No entanto, foram efectuados 4 conjuntos de reconstruções. A primeira reconstrução foi realizada em todas as projecções, enquanto nas tentativas seguintes apenas 2000, 1000 e 500 imagens foram escolhidas para reconstrução utilizando cada 2 e 4 imagens do total de 4000 projecções. Em seguida, procurámos a discrepância entre as imagens reconstruídas em 3D.

A Figura 5 mostra uma série de cortes 2D das mesmas localizações exactas utilizando 1000, 2000 e 4000 projecções. O contraste e a luminosidade também foram optimizados para garantir que a alteração da qualidade não resulta de uma manipulação do contraste.

Ao investigar as imagens da Figura 3-5 e outras semelhantes em que a camada superior de cerâmica é escolhida como região de interesse, é possível ver uma melhoria notável na qualidade e a capacidade de recuperar fissuras é aumentada ao aumentar o número de projecções para 4000 imagens. Foi adotado um procedimento semelhante para a Figura 3-6. No entanto, aqui a região de interesse é escolhida como sendo os limites entre as camadas . Esta região é de particular interesse para a extração da geometria da superfície da camada de ligação ou da camada superior e também para a medição da espessura do óxido crescido termicamente. A integridade do material da camada de ligação é outra área de interesse a ser avaliada nas imagens da Figura 3-6.

Podemos observar que a superfície da camada superior pode ser analisada com um mínimo de 1000 imagens, mas a geometria da interface e a espessura da camada de ligação requerem pelo menos 2000 imagens para serem recuperadas. Por outro lado, quando se trata da integridade do material na camada de ligação e da identificação de diferentes fases dentro da camada de ligação, a tomografia tem de ter pelo menos 4000 projecções. Também são estudados vídeos de todos os cortes e foram observados problemas de qualidade semelhantes, dependentes do número de projecções de raios X. É de notar que os esforços anteriores de tomografia em TBC foram realizados com 1005 projecções[10] o que, como foi demonstrado, implica alguma perda de caraterísticas. Foi efectuado o mesmo processo para as imagens após o ciclo térmico e observou-se que 2000 projecções ainda eram suficientes.

Figura 3-5 - Efeito do número de projecções na qualidade dos TBCs de imagiologia - Região de interesse: Fendas no TBC

Figura 3-6 - Efeito do número de projecções na qualidade das imagens - Região de interesse: Limites das camadas

3.2 Reconstrução de imagens

Após a aquisição das projecções, a imagem 3D pode ser obtida através de reconstruções 3D da projeção de raios X. A reconstrução automática resulta numa má qualidade das imagens, pelo que as reconstruções foram efectuadas manualmente utilizando o software XMReconstructer. (Zeiss, Flurton, CA) Os principais parâmetros de controlo do processo de reconstrução são o deslocamento do centro da imagem, o endurecimento do feixe e o tamanho do kernel do filtro de suavização pré-reconstrução, que serão abordados em pormenor a seguir.

O deslocamento central é a quantidade em pixels que o eixo de rotação é deslocado da coluna central do detetor. O efeito do desvio do centro num corte reconstruído pode ser visto na figura 3-7, onde um valor correto de desvio do centro resulta em imagens mais nítidas e focadas, ao passo que nas imagens com um valor errado de desvio do centro estão presentes artefactos de imagem, especialmente em torno das margens. O endurecimento do feixe é o resultado da alteração da caraterística espetral à medida que os raios X atravessam a amostra, em que a densidade da amostra permanece a mesma, mas a luz muda, resultando numa área mais escura do que outra devido à absorção diferencial com a espessura, que também não é espectralmente neutra, uma vez que os raios X de baixa energia são atenuados mais rapidamente. Além disso, um valor incorreto do coeficiente de endurecimento do feixe pode resultar em nebulosidade nos bordos da amostra.

Figura 3-7 - Efeito do deslocamento do centro na qualidade da imagem

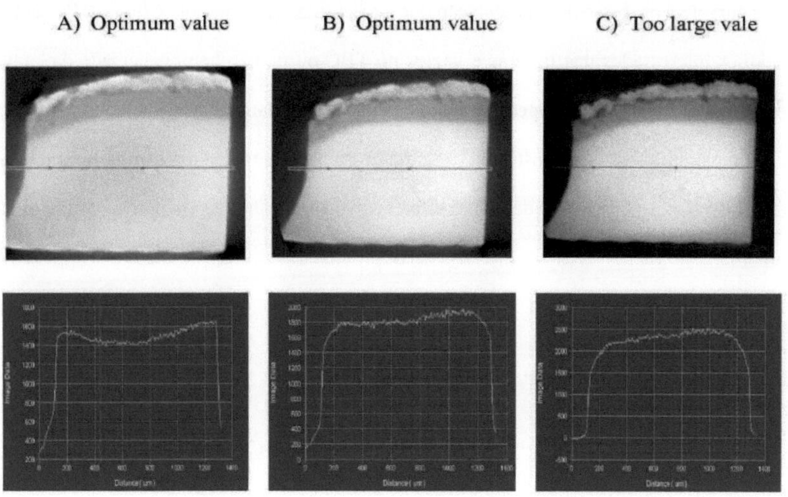

Figura 3-8- Otimização do valor de endurecimento da viga

A figura 3-8 mostra que o coeficiente correto de endurecimento do feixe resulta num gráfico mais plano da intensidade em função da posição. Deve notar-se que, para escolher o endurecimento do feixe, o histograma é mais importante do que a perceção do olho humano. Como se pode ver, a imagem (C) na figura 8 parece ter um melhor contraste para o olho humano, mas o histograma que será utilizado para a segmentação da imagem não tem a qualidade observada na imagem (B).

Os valores de desvio central e de endurecimento do feixe mudam em cada tomografia, o que torna necessário efetuar uma verificação da repetibilidade dos dados obtidos após a reconstrução.

A utilização de um filtro de suavização pré-reconstrução envolve um compromisso entre a resolução e a relação sinal/ruído. Para as amostras TBC deste estudo, observou-se que o pós-processamento das imagens será muito facilitado por valores de tamanho de kernel mais elevados para suavização. No entanto, isso também pode resultar na perda de pequenas caraterísticas ou contrastes de composição que poderiam ser observados utilizando um tamanho de kernel mais pequeno. Por conseguinte, dependendo da região de interesse no TBC, utilizámos diferentes tamanhos de kernel. Ou seja, se estivermos interessados na geometria da superfície das camadas, por exemplo, a camada de ligação e a camada superior, um tamanho de kernel maior pode melhorar a integridade da extração da superfície durante o processo de segmentação que é discutido nos capítulos seguintes. Por outro lado, se estivermos interessados nas fissuras e vazios no TBC ou na não homogeneidade da camada de ligação e/ou na composição da superliga, temos de utilizar um tamanho de núcleo mais pequeno. A Figura 3-9 mostra uma fatia reconstruída exatamente da mesma região a partir da mesma projeção, mas com dois valores de tamanho de kernel diferentes.

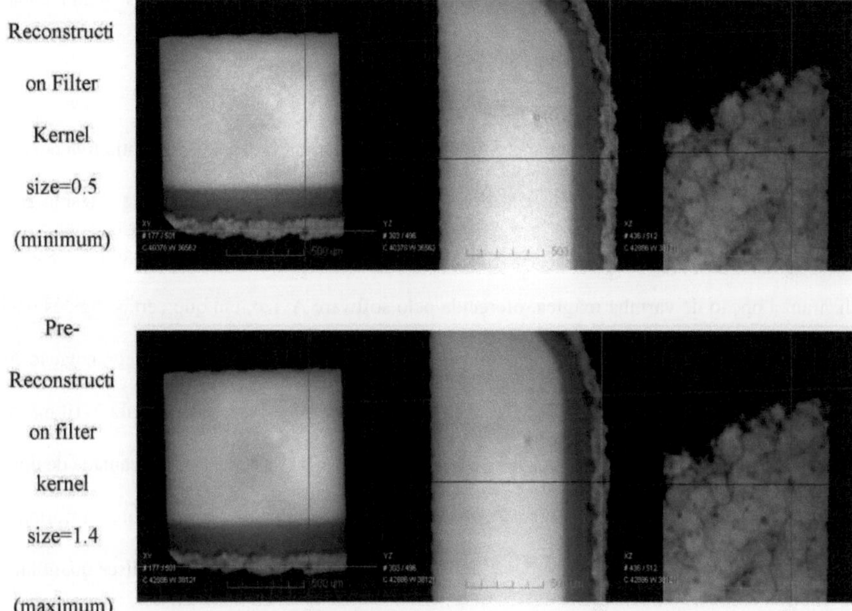

Figura 3-9 - Efeito do filtro de suavização na qualidade da imagem

As imagens com uma suavização mais agressiva perdem o contraste na diferença de composição do material no interior da camada de ligação; também se perdem alguns vazios e fissuras no TBC, mas a segmentação das imagens é mais fácil após uma suavização agressiva. Por outro lado, os valores baixos de suavização são mais ruidosos, mas menos desfocados e com menos perda de caraterísticas, com um processo de segmentação mais difícil.

3.3. Processamento de imagens

Após a reconstrução, as imagens são importadas para o software de pós-processamento, Avizo. (Visualization group Inc., Burlington, MA). Para poder efetuar qualquer análise quantificada dos dados 3D obtidos, é necessário realizar duas etapas principais.

1- Segmentação da imagem (Atribuição de um material específico a cada pixel, como vazio, revestimento cerâmico...) e etiquetagem: Atribuição de material aos pixéis para análise quantificada.

2- Análise de imagem: extração de informação quantificada das imagens segmentadas e etiquetadas.

3.3.1 Segmentação de imagens

As imagens precisam de ser segmentadas e rotuladas para uma possível análise quantitativa posterior, ou seja, diferentes partes da imagem têm de ser atribuídas a um material diferente. Mesmo após a filtragem, alguns cortes não puderam ser segmentados automaticamente. Por conseguinte, os autores utilizaram a opção de varinha mágica, oferecida pelo software Avizo, em que certas regiões podem ser selecionadas manualmente, fatia a fatia, para a imagem 3D. Isto resulta na segmentação mais exacta, especialmente para a geometria da superfície da camada de ligação. A Figura 3-10 mostra o resultado da imagem segmentada, para além da geometria extraída da superfície da camada de ligação e da camada superior. Após a segmentação, as imagens podem ser analisadas para obter informações quantificadas. Nas secções seguintes deste trabalho, são discutidas diferentes análises quantitativas do TBC.

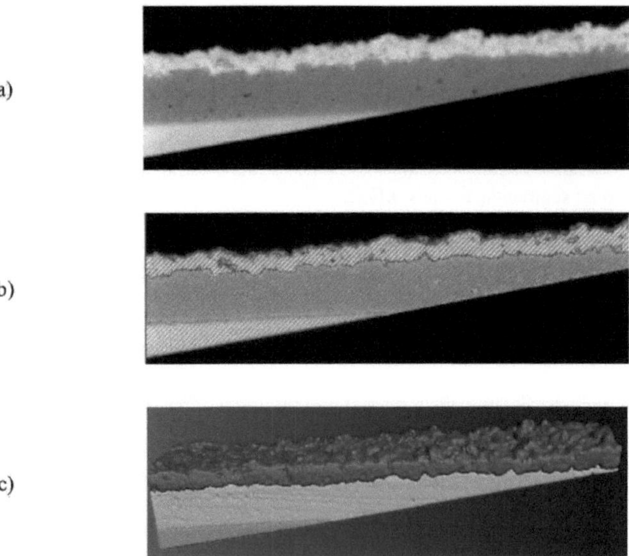

Figura 3-10-a) Imagem obtida a partir de raios X, b) imagem segmentada, c) superfície 3D 3D gerada

3.3.2 Análises quantitativas de camadas de TBC e verificação da repetibilidade

Como já foi referido, um dos factores que contribuem para a falha dos TBC é a alteração da geometria da superfície da interface. A tomografia computorizada é uma tecnologia que permite a caraterização da alteração da geometria da superfície do revestimento de ligação, também conhecida como "rumpling". No entanto, para quantificar o rumpling, é necessário garantir que o método é suficientemente repetível para se poder distinguir entre a alteração real da superfície e possíveis variações nos parâmetros da superfície devidas a ruído e erros devidos à falta de reprodutibilidade dos resultados.

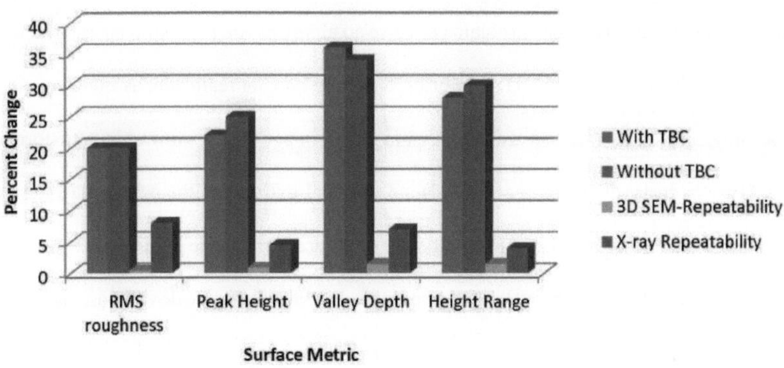

Figura 3-11- Análise da repetibilidade dos parâmetros da superfície da camada de proteção antes e depois ciclos térmicos com TC de raios X em comparação com a fotogrametria estéreo

A fim de verificar a repetibilidade da técnica de tomografia de raios X proposta, tentámos obter imagens da mesma área de uma amostra repetidamente e extraímos métricas de superfície já introduzidas por outras imagens 3D, tal como referido em [36], para quantificar o rumpling em amostras de revestimentos de ligação nus. Foram também adoptadas precauções especiais para garantir que as mesmas áreas das superfícies estão a ser fotografadas e comparadas. A Figura 3-11 mostra a variação de cada parâmetro de superfície durante vários exames de tomografia de raios X. A definição dos parâmetros de superfície e a sua implementação digital podem ser encontradas em trabalhos anteriores dos autores e em referências de caraterização de superfícies.

Comparando as variações com as alterações de geometria da superfície observadas, pode ver-se que o aumento dos parâmetros de superfície devido à rutura é, pelo menos, uma ordem de grandeza superior às variações observadas em imagens múltiplas da mesma área da amostra que não foi submetida a qualquer ciclo térmico. Isto prova que a tomografia de raios X pode ser utilizada para a caraterização em 3D da vibração sob o revestimento superior de forma não destrutiva, o que não pode ser efectuado por nenhuma outra técnica de imagiologia anterior.

3.3.2 Deteção de poros a partir de fissuras

Verificou-se que as fissuras reconstruídas após a segmentação são mais espessas em comparação com os cortes virtuais 2D do TBC. Este problema deve-se ao algoritmo de reconstrução 3D das projecções de raios X que utiliza a transformada de Fourier. Uma vez que, na realidade, as imagens são feitas a partir de projecções 2D, que são utilizadas para gerar imagens 3D utilizando transformadas de Fourier. A partir destas imagens reconstruídas, é possível extrair muitos cortes 2D referidos pelo Xradia como ficheiros TXM. Nestas imagens são escolhidos limiares de pixéis para separar vazios e fissuras do material TBC. Observou-se que, na extremidade das fissuras e dos vazios, não é tão escuro como a verdadeira fissura, presumivelmente porque os pixels da extremidade incluem fracções de vazios e de material. A rotulagem destes píxeis de extremidade como vazios leva a um espessamento aparente das imagens de fendas, fazendo com que, em muitos casos, pareçam vazios. Para corrigir esta situação, o limiar para declarar um pixel como vazio foi definido como um nível mais escuro, eliminando a identificação das áreas de borda como materiais vazios. Assim, as fissuras foram restauradas para espessuras realistas. Assim, limitámos o intervalo do limiar para garantir que estamos a segmentar uma fenda e não o material. Para garantir também que as fissuras e os poros são corretamente detectados durante a segmentação, verificámo-los duas vezes após a segmentação, visualmente em todas as fatias de cada amostra. É de salientar que, sem este passo, não seria possível distinguir fissuras e vazios e não seria possível obter quase todos os resultados importantes relativos a fissuras.

3.4 Técnica optimizada de tomografia de raios X

A Micro-CT é uma técnica adequada para a avaliação não destrutiva das estruturas internas do sistema de materiais. No entanto, há vários parâmetros que têm de ser optimizados antes de se poder adquirir uma imagem de alta qualidade. Em particular, para estruturas de engenharia complexas, como revestimentos de barreira térmica com várias camadas de materiais altamente atenuantes de raios X, como a zircónia estabilizada com ítrio (YSZ) e superligas de níquel e cobalto. Classificámos os parâmetros que têm de ser optimizados para uma tomografia bem sucedida em 3 categorias principais:

- *Dimensão da amostra:* É importante escolher o tamanho da amostra de modo a que um número suficiente de raios X possa penetrar na amostra e ser recolhido pelo detetor. Por outro lado, as amostras mais pequenas podem ter um comportamento diferente do caso realista. Por conseguinte, a otimização da dimensão da amostra é um pré-requisito importante.

- *Parâmetros de aquisição de imagens:* Ao contrário das técnicas de microscopia comuns, como o MEV e a microscopia ótica, em que se pode utilizar um protocolo de funcionamento já bem estabelecido, a microscopia de raios X exige a otimização de muitos parâmetros de imagem sem os quais os resultados não podem ser utilizados para análise. Estes parâmetros variam de um tipo de amostra para outro e, em tipos de amostra como os TBC, podem mesmo variar consoante a região de interesse.

- *Repetibilidade e informação quantitativa:* O estudo de TBCs requer a obtenção de imagens no mesmo local de uma amostra e o rastreio da evolução de asperezas ou fissuras. Isto não é possível a não ser que sejam adoptadas medidas robustas de registo de imagem que assegurem que está a ser estudada exatamente a mesma área em cada intervalo de imagem.

Os capítulos seguintes analisarão os desafios em cada um destes três grandes domínios e explicarão as soluções que propomos para os ultrapassar.

3.4.1 Otimização do tamanho da amostra

Os pormenores relativos à composição das amostras são apresentados no capítulo anterior. Também mostrámos que as amostras em tamanho real falharam após 220 a 250 horas de ciclos de uma hora a 1121 °C. A Figura 3-12 mostra a amostra e todas as amostras mais pequenas preparadas a partir desses cupões. A existência de materiais altamente atenuadores de raios X nestas camadas exige uma preparação de amostras mais pequenas para permitir que mais raios X penetrem na amostra. Por outro lado, é importante saber quão pequena é a amostra necessária para que a amostra se comporte o mais próximo possível das condições realistas, sem que o tamanho da amostra imponha quaisquer artefactos de imagem indesejados. Na preparação de tais amostras, existem dois critérios importantes:

- De acordo com os princípios da micro-CT, é desejável ter amostras quase cilíndricas, o que ajuda a ter o mesmo volume de material em todos os ângulos à medida que a plataforma de amostras roda.
- Também é interessante minimizar o comprimento da trajetória dos raios X através das amostras, escolhendo o ângulo de montagem correto para a amostra. Por exemplo, é preferível montar uma amostra retangular verticalmente, em vez de horizontalmente, onde o comprimento do percurso dos raios X é ao longo da largura da amostra. Isto reduz particularmente um artefacto na microscopia de raios X conhecido como "Beam Hardening" (endurecimento do feixe) que pode levar a uma falsa alteração de contraste num material devido à perda de energia dos raios X .

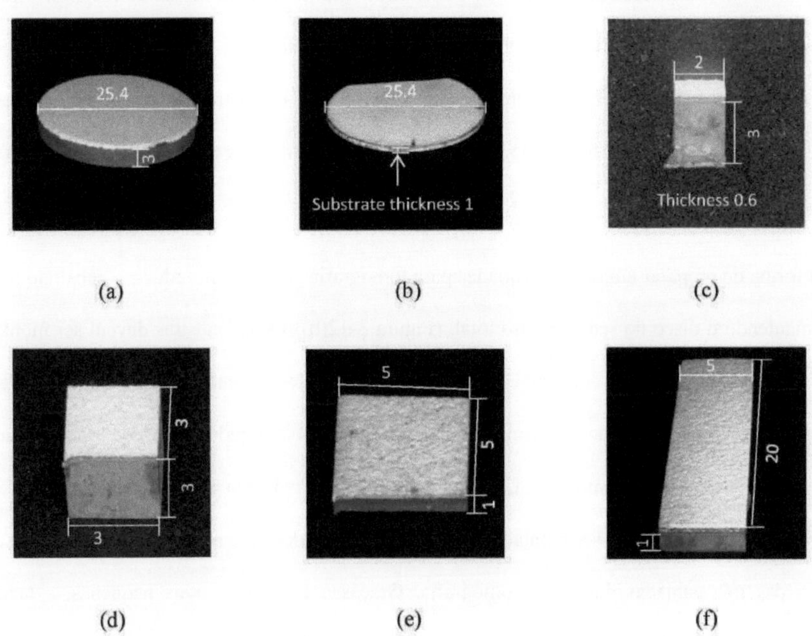

Figura 3-12- Seis tamanhos diferentes de amostras selecionadas para experiências. (Todas as dimensões em mm)

Uma forma de criar amostras mais pequenas é deixar todas as camadas com a espessura total, mas diminuir a largura da amostra. As amostras (c) e (d) são exemplos desse tipo de solução, com larguras de 0,6 e 3 mm, respetivamente. Isto permite uma transmissão muito mais elevada de raios X à medida que estes atravessam a camada superior. As taxas de transmissão de raios X através de diferentes espessuras do revestimento superior podem ser vistas na Tabela 3-1:

Tabela 3-1 - Taxa de transmissão de raios X para diferentes comprimentos de trajetória

X-ray path length through top coat (mm)	1	2	3	5
Transmitted X-ray rate (%)	43	21	15	8

Existe uma relação inversa entre o raio X transmitido através de uma massa de material versus a espessura do material. Também descobrimos que as caraterísticas da camada superior, tais como fissuras e vazios, não podem ser bem reconhecidas após a reconstrução quando os valores de transmissão são inferiores a 15%, razão pela qual a maior amostra deste tipo (d) tem uma largura de 3 mm.

Outra forma de preparar amostras adequadas para tomografia consiste em reduzir o substrato para 1 mm, mantendo o disco no seu diâmetro total. (Figura 3-12(b)) Estas amostras devem ser montadas verticalmente. Neste caso, o comprimento da trajetória dos raios X continua a ser muito grande em alguns ângulos durante a rotação da amostra para tomografia, o que reduz a taxa de transmissão dos raios X. Para ultrapassar este problema, a largura da amostra é reduzida para 5 mm (amostras e) e f)). Estas amostras podem então ser montadas com os bordos virados para a fonte e os raios X passarão através das três camadas durante a tomografia. Graças a espessuras mais pequenas, a taxa de transmissão de raios X atinge um valor médio de 22%, o que é suficiente para uma reconstrução fiável. É de notar que os raios X passam através das três camadas, o que resulta num "endurecimento" muito maior dos feixes. Múltiplas amostras (pelo menos três) de cada tipo b, c, d, e e f foram submetidas a ciclos térmicos até à rotura a 1121 °C e a ciclos de 1 hora. A Tabela 3-2 mostra o efeito do tamanho da amostra no tempo de vida da amostra.

Quadro 3-2- Efeito da dimensão na vida da amostra

Sample name	a	b	c	d	e	f
Failure at 1121 °C (1 hr cycles)	220-250	220-230	180-200	210-220	220-250	210-230

E a Figura 3-13 mostra um único corte virtual 2D da imagem reconstruída em 3D de cada amostra. Note-se que, no caso do cupão completo fino do tipo (b), a espessura da camada superior é também reduzida para 150 microns para obter uma transmissão suficiente.

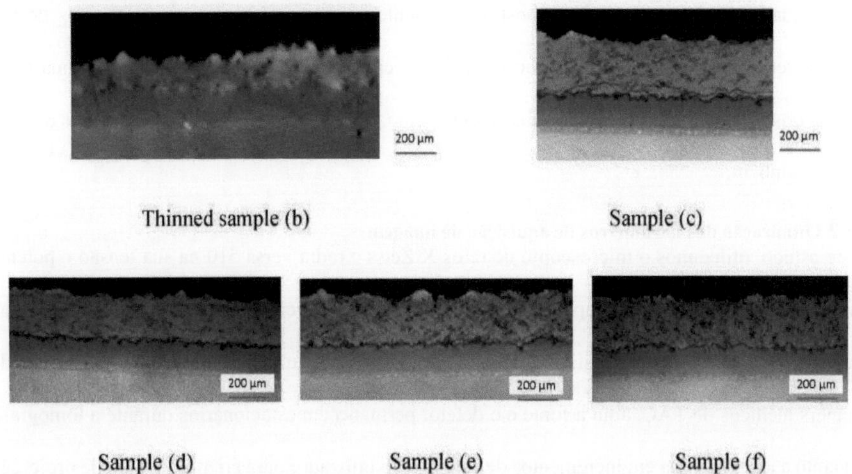

Figura 3-13- Corte virtual de imagens reconstruídas para as amostras da figura 1 (todas as amostras são mostradas após 25 horas de ciclagem térmica a 1121 C)

Combinando as informações da Tabela 3-2 e a observação da Figura 3-13, pode concluir-se que se obtém uma melhor qualidade de imagem quando as amostras são mais pequenas, como no tipo de amostra (C), uma amostra de 1 por 2 mm. As imagens são menos granuladas e existe um melhor contraste entre os TBC. No entanto, a amostra do tipo (C) também falha consideravelmente mais cedo do que o cupão completo. Também podemos notar que as fissuras aparecem muito mais cedo neste tipo de amostras. Os autores atribuem este facto a um fenómeno conhecido nos revestimentos de barreira térmica, normalmente designado por "efeito de borda" [38], em que as bordas das amostras sofrem danos maiores. Além disso, o tipo de amostra (b) oferece uma qualidade apenas suficiente para estudar o comportamento da superfície interfacial, mas não tem a resolução necessária para detetar fissuras e vazios. As amostras (d), (e) e (f) têm um comportamento muito semelhante ao do cupão completo, à custa de uma resolução ligeiramente inferior, o que exigirá um processamento de imagem para uma melhor análise. É de notar que, para as amostras (d), (e) e (f), o tempo de tomografia é também consideravelmente mais longo, o que será discutido na secção seguinte. A amostra mais pequena que proporcionou tempos de vida semelhantes aos da amostra de tamanho normal foi a amostra do tipo (d), com 3 mm x 3 mm, que oferece o tempo de execução mais curto e a melhor qualidade de imagem das amostras suficientemente grandes para terem tempos de vida semelhantes aos da amostra de tamanho normal. Por conseguinte, esta é a amostra preferida para a maioria dos resultados apresentados subsequentemente, com alguns resultados das amostras de 5 mm x 5 mm também.

3.4.2 Otimização dos parâmetros de aquisição de imagem

Neste estudo, utilizámos o microscópio de raios X Zeiss Xradia versa 510 na sua tensão e potência máximas de 160 (Kv) e 10 (W) para obter uma transmissão suficiente para as amostras de TBC. A imagem real e a arquitetura do sistema podem ser vistas na Figura 3-14 (a) e (b). Ao contrário dos scanners médicos de TAC, aqui a fonte e o detetor permanecem estacionários durante a tomografia, enquanto a amostra roda em incrementos definidos pelo utilizador para criar uma pilha de projecções de raios X. Como se pode imaginar, existem muitos parâmetros que podem afetar a qualidade das imagens, incluindo

- Distância da fonte e do detetor à amostra
- Número de projecções de raios X
- Ampliação do detetor
- Tempo de exposição

Estes parâmetros podem afetar o tamanho do pixel e a relação sinal/ruído, que têm de ser optimizados com base na região de interesse.

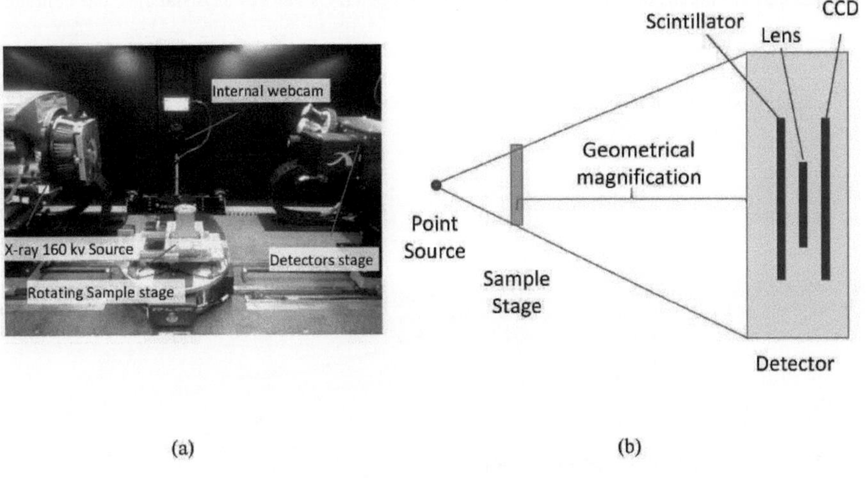

(a) (b)

Figura 3-14- Zeiss Versa 510 vista interior

3.4.3 Otimização do tamanho do pixel e das contagens de raios X: Compensação com o tempo de tomografia

Um parâmetro crítico que pode definir a qualidade das imagens reconstruídas em 3D é o tamanho do pixel, com base no qual serão ajustados muitos outros parâmetros, como a distância da fonte e do detetor à amostra (ampliação geométrica) e a objetiva do detetor (semelhante à ampliação ótica). Para utilizar ambas as ampliações de forma eficaz, é necessário optimizá-las simultaneamente. Graças a uma fonte pontual quase ideal utilizada no sistema citado, é-nos dada a oportunidade de aproximar ou afastar o detetor e a fonte um do outro, mantendo a resolução [39] e alterando o tamanho do pixel correspondente. A ampliação geométrica pode ajudar a diminuir o tamanho dos pixels por um fator de 10, para além da ampliação oferecida pelo detetor, que é mais uma opção a afinar. Combinando os dois tipos de ampliação, é possível escolher qualquer valor entre 0,3 e 62 microns para o tamanho do pixel. Cada detetor, por sua vez, tem um número específico de píxeis (cerca de 1000) que podem definir o campo de visão da imagem. No entanto, existe um compromisso. Um tamanho de pixel mais pequeno exige que o detetor seja posicionado relativamente longe da fonte, reduzindo assim o número de contagens de raios X detectadas pelo detetor. Com base nos princípios da propagação de ondas, a potência da onda é inversamente proporcional ao quadrado da distância à fonte da onda. O mesmo conceito aplica-se aqui. O diagrama seguinte, Figura 3-15, mostra a relação entre a distância do detetor e as contagens de raios X à medida que este recua. Os valores da distância e das contagens de raios X são normalizados com base no valor máximo de cada um, para melhor mostrar o comportamento dependente destes dois parâmetros.

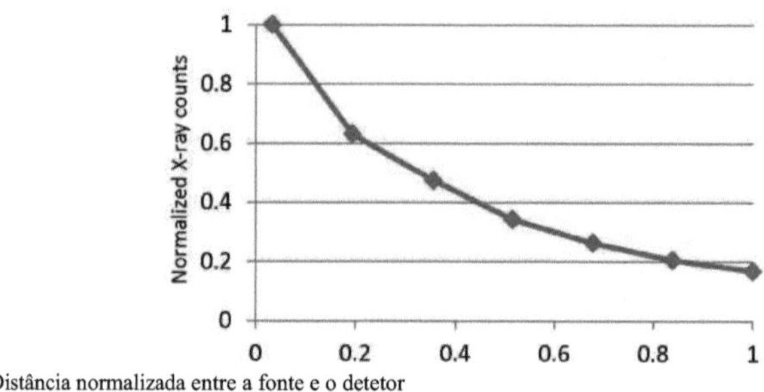

Figura 3-15- Relação das contagens de raios X em função da distância entre a fonte e o detetor

Para obter uma imagem nítida, é necessário obter projecções 2D com mais de 5000 contagens de raios X. Para manter estes valores, é necessário aumentar o tempo de exposição, uma vez que são necessários pixels mais pequenos, o que resulta em exames mais longos. A Tabela 3-3 mostra como o tempo total da tomografia é afetado pelo tamanho do pixel selecionado e pelo tempo de exposição correspondente.

Tabela 3-3- Relação entre o tempo total de tomografia e o tamanho do pixel e o tempo de exposição

	Scan 1	Scan 2	Scan 3
Pixel size (μm)	4.95	2.99	1.49
Window size (μm)	4992	3020	1504
X-ray counts	6000	6000	6000
Detector distance (mm)	19	66	186
Exposure time (s)	1	3	12
Number of projections	1000	1000	1000
Total tomography time	37 min	1 h 12	3 h 50 min
Suitable for …… In TBCS	Qualitative studies	Surface Geometry study	Studying Crack Evolution/ TGO thickness

Para estudar revestimentos de barreira térmica, dependendo da região de interesse, são desejados diferentes valores de tamanho de pixel. Vimos que, para a análise qualitativa, são suficientes tamanhos de píxeis na ordem dos 4-5 microns. Para efetuar uma análise quantitativa, como o registo da geometria da superfície, é necessário ter um tamanho de pixel de 2-3 microns e ser capaz de obter imagens de áreas maiores. Os valores mais pequenos (inferiores a 2 mícrones) são utilizados para obter imagens de fissuras, espessura do TGO e espaços vazios na camada superior, o que resulta em campos de visão ainda mais pequenos. É importante notar que o tamanho do pixel é diferente da detetabilidade. Por exemplo, com um tamanho de pixel de 1 mícron, é possível detetar caraterísticas de quase 50 nanómetros de dimensão. [40]

No entanto, a costura pode ser uma opção que nos dá a oportunidade de olhar para um campo de visão maior, mantendo a resolução fina, à custa do aumento do tempo e do tamanho dos dados da tomografia. A costura consiste em ligar imagens de várias áreas com um tamanho de pixel fino para gerar uma imagem com um tamanho de janela maior e o mesmo tamanho de pixel. A Figura 3-16 mostra como 3 exames mais pequenos são unidos para obter uma imagem de uma faixa com um comprimento de 6 mm com uma resolução submicrónica.

O critério importante a observar durante a obtenção de imagens para fins de costura é deixar que as imagens tenham pelo menos 25 por cento de sobreposição para cada área, de modo a que possam ser detectadas durante o pós-processamento da imagem e a melhor costura das imagens.

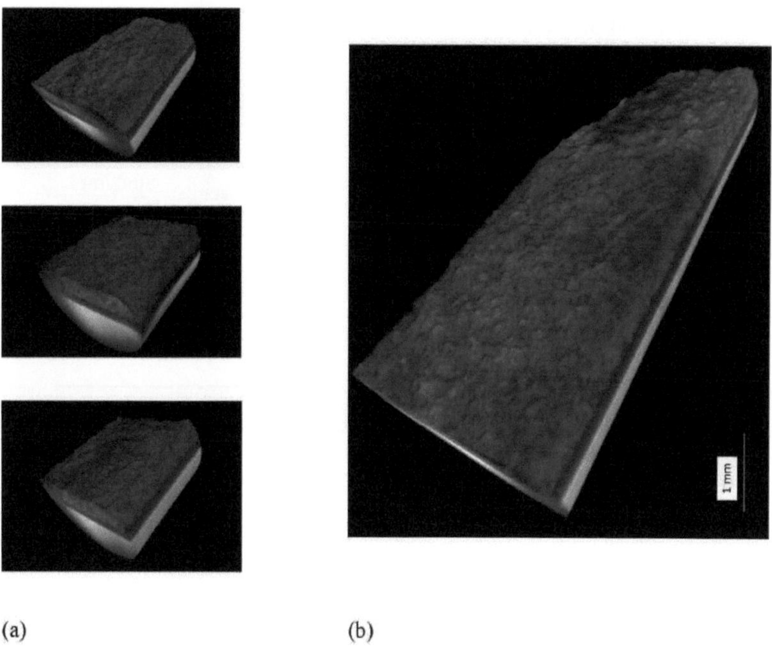

Figura 3-16- Imagem cosida, representação 3D de digitalizações mais pequenas (a) e imagem cosida (b)

3.4.4 Otimização da repetibilidade: Registo de imagens

O objetivo final da utilização da tomografia de raios X no estudo dos TBCs é estudar a evolução de asperezas e fissuras individuais durante o tratamento térmico. É, por isso, importante garantir que a mesma área exacta é fotografada após cada intervalo de ciclos térmicos. Utilizámos duas técnicas de registo: uma antes da aquisição de imagens (pré-registo) e outra após a aquisição de imagens (pós-registo)

O pré-registo é efectuado com base no alinhamento visual das caraterísticas e na localização da região de interesse, considerando as suas distâncias em relação aos bordos da amostra antes da tomografia. O passo de pré-registo baseado em caraterísticas foi efectuado em dois ângulos diferentes das projecções bidimensionais (2D). No primeiro passo, o campo de visão da imagem de tomografia de raios X será aumentado até ao nível máximo em que toda a amostra possa ser vista no campo de visão. A centralização da amostra nas duas direcções de X e Y em relação à janela centralizará aproximadamente a amostra na mesma área de cada vez. Na etapa seguinte, será selecionado o tamanho adequado do pixel e o tamanho da janela será reduzido até que a amostra inteira deixe de estar na janela e as projecções 2D das caraterísticas não sejam demasiado pequenas para serem detectadas visualmente. Assim, é possível reconhecer as caraterísticas antes e depois do ciclo térmico, rodando a amostra na mesma área. Graças à ampliação geométrica, o tamanho do pixel é definido para ser o mesmo com uma precisão de 0,001 mícron antes e depois do ciclo térmico para cada tomografia. O último passo consiste em registar visualmente as caraterísticas para garantir que a mesma área será fotografada, como se mostra na Figura 3-17.

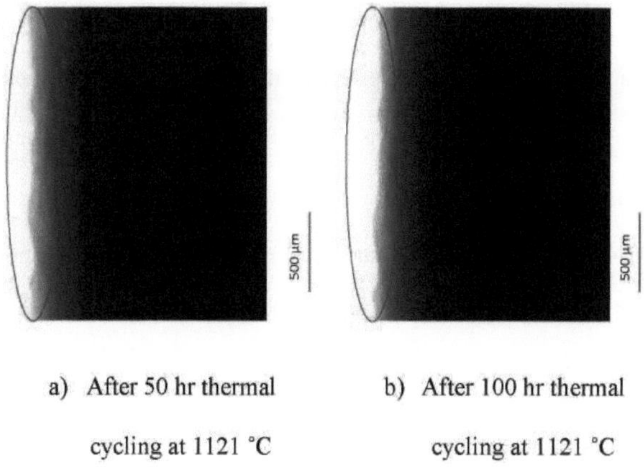

a) After 50 hr thermal cycling at 1121 °C

b) After 100 hr thermal cycling at 1121 °C

Figura 3-17- Pré-registo de projecções 2D em 90 graus

Para além do processo de pré-registo, o pós-registo das imagens tem de ser efectuado após a etapa de reconstrução. O processo de reconstrução fornecerá finalmente o volume 3D da área fotografada, mas é muito difícil montar sempre a amostra na mesma posição exacta em relação à fonte e ao detetor. Assim, haverá pequenas rotações da imagem reconstruída em torno de diferentes eixos, o que resultará na observação de caraterísticas de um plano antes do ciclo térmico em vários planos após o ciclo térmico. Para encontrar o mesmo plano para ambas as imagens, é necessário alterar virtualmente o ângulo do plano em relação aos eixos relacionados, de modo a que as mesmas caraterísticas sejam mostradas numa fatia, como antes do ciclo térmico mostrado na Figura 3-18.

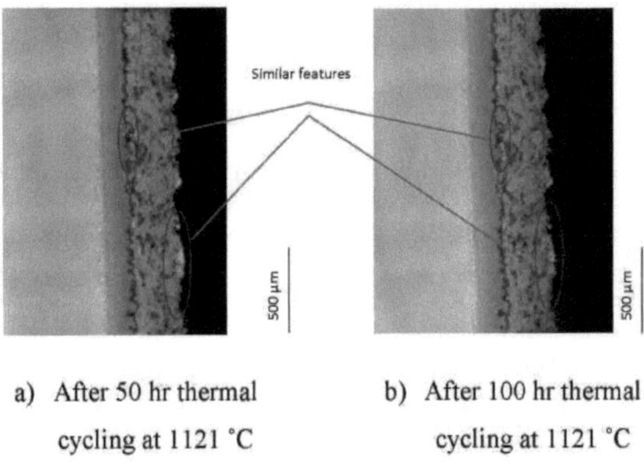

a) After 50 hr thermal cycling at 1121 °C

b) After 100 hr thermal cycling at 1121 °C

Figura 3-18 - Imagens reconstruídas pós-registo

A fim de verificar a repetibilidade da tomografia de raios X, seguindo o nosso procedimento de registo em duas fases, uma amostra idêntica foi fotografada duas vezes. No entanto, após a primeira imagiologia, a amostra é retirada e montada de novo para o segundo exame. O processo de pré-registo foi efectuado na amostra para localizar o mesmo ponto para a obtenção de imagens e, em seguida, é realizada a tomografia. Depois de efetuar a segmentação, que consiste em atribuir material a cada camada da amostra com base no contraste dos pixels [41], é gerada uma superfície 3D, como se mostra na Figura 3-19, para ambos os exames e os parâmetros da superfície são calculados de acordo com a Figura 3-19.

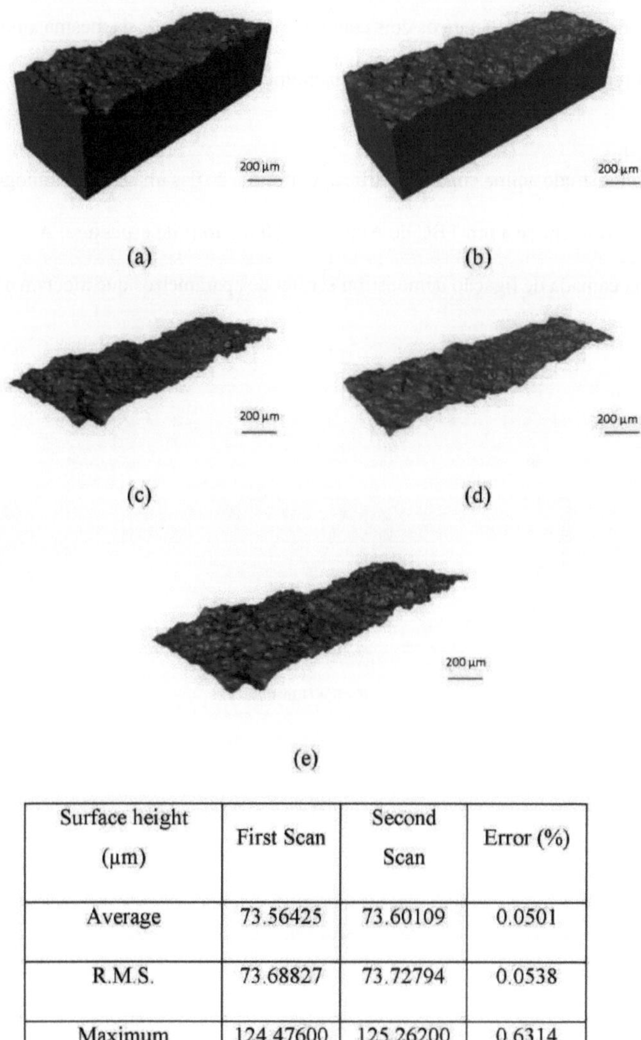

Surface height (µm)	First Scan	Second Scan	Error (%)
Average	73.56425	73.60109	0.0501
R.M.S.	73.68827	73.72794	0.0538
Maximum	124.47600	125.26200	0.6314

Figura 3-19 - Verificação da repetibilidade da XCT, superfície gerada para a mesma amostra em duas varreduras em (a) e (b), a superfície superior é separada de cada varrimento (c) e (d), as duas superfícies estão alinhadas (e

Verifica-se que os valores médios, R.M.S. e máximos estão muito próximos uns dos outros e que o erro é de cerca de 0,5 por cento para os dois conjuntos de digitalização da mesma amostra duas vezes, o que define a repetibilidade desta técnica de imagiologia.

3.5 Resultados

Foi demonstrado acima como quantificar a informação das imagens da tomografia de raios X. Estes resultados referem-se a um TBC de APS com 100 microns de espessura. A análise da tortuosidade na camada de ligação demonstrou ser um dos parâmetros que afectam a falha do TBC [52].

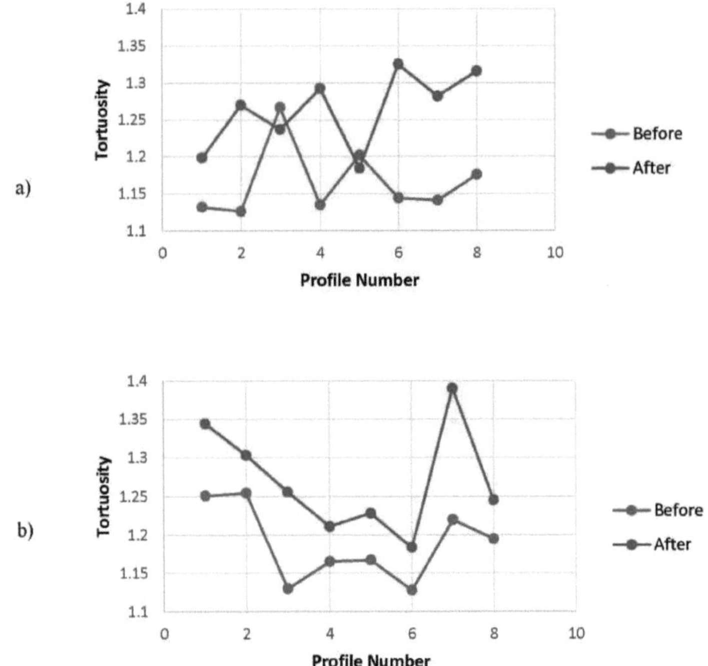

Figura 3-20- Alteração da tortuosidade da linha para a) camada de ligação e b) camada superior utilizando a tomografia de raios X tomografia de raios X

Apesar de o efeito de rutura da camada de ligação ter sido amplamente investigado, as alterações da superfície da camada superior não foram estudadas tão exaustivamente. Uma vez que a camada superior é a superfície livre e acessível, é de grande interesse se o comportamento da camada de ligação pudesse ter sido analisado com base no comportamento da superfície da camada superior.

Por este motivo, a tortuosidade dos perfis da camada superior e da camada de ligação é calculada e comparada antes e depois do ciclo térmico para perfis selecionados. São selecionados 7 perfis da superfície gerada com uma distância de 40 mícrones entre eles, que é o tamanho do comprimento de onda caraterístico da superfície [35]. Esta forma de selecionar os perfis minimiza a possibilidade de dependência entre os perfis. A Figura 2-20 mostra a alteração da tortuosidade para os perfis selecionados, tanto na camada superior como na camada de ligação, antes e depois do ciclo térmico. Verifica-se que a média da tortuosidade para todos os perfis está a aumentar de 1,16 para 1,26 para a camada de ligação e de 1,18 para 1,26 para a camada superior. Este aumento simultâneo em ambas as superfícies mostra que existe um comportamento semelhante para as duas superfícies quando a amostra é submetida a ciclos térmicos. Com base na diferença das alterações dos valores de tortuosidade para ambas as superfícies, pode concluir-se que, quando a torção da camada de ligação aumenta cerca de 8,5%, a camada superior aumenta cerca de 6,8%, o que corresponde a cerca de 80% das alterações na camada de ligação. Por outras palavras, se a tortuosidade da camada superior foi registada, as alterações da camada de ligação são cerca de 125% das alterações registadas na camada superior para este revestimento e, provavelmente, para revestimentos de espessura semelhante. Isto pode introduzir novos métodos de avaliação não destrutivos para a previsão de falhas em revestimentos de barreira térmica.

Para investigar melhor a dependência do comportamento das duas superfícies, o coeficiente de correlação, que quantifica a dependência entre duas séries de dados ou medições, também é calculado para os perfis. Os resultados são apresentados na figura 3-21, em que a média da correlação entre os perfis da camada superior e da camada de ligação antes do ciclo térmico é de cerca de 91%, passando para cerca de 85% após o ciclo térmico. Isto mostra que a dependência dos comportamentos de superfície ainda é considerável após o ciclo térmico.

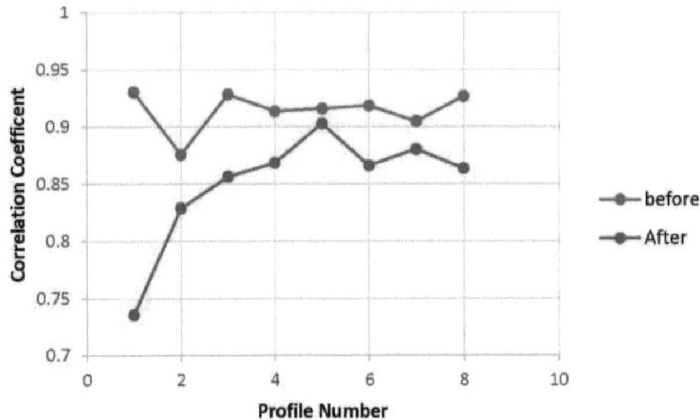

Figura 3-21- Coeficiente de correlação entre os perfis da camada superior e da camada de ligação antes e após o ciclo térmico

3.5.1 Alteração da geometria da superfície interfacial

Uma grande vantagem da micro-CT é a investigação da alteração da geometria da superfície interfacial sob o revestimento superior de forma não destrutiva e ao longo do tempo. A Figura 3-22 mostra um exemplo deste tipo de análise, em que um parâmetro quantitativo comum para este tipo de estudos, conhecido como tortuosidade [42], está a ser medido antes e depois do ciclo térmico com apenas 20% de vida útil.

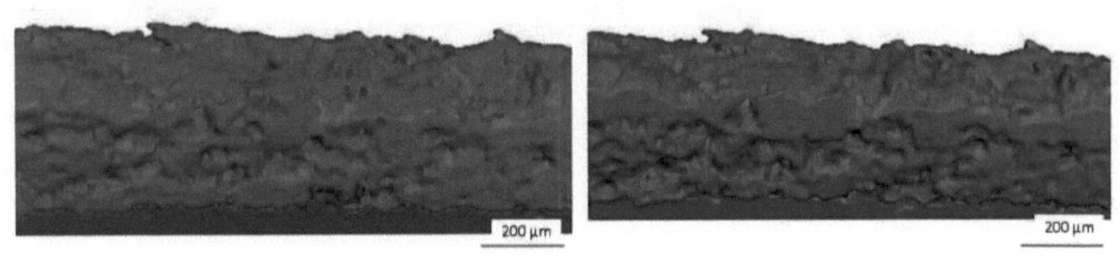

Before thermal cycling After 40 hr thermal cycling at 1121 °C

BC tortuosity Before :1.1584315 After : 1.1664286

Figura 3-22- Imagem TBC segmentada

3.5.2 Evolução das fissuras

A capacidade única da micro-CT permite seguir o número de fissuras e registar a sua evolução.

Before cycling

After 75 hr cycling at 1121 °C

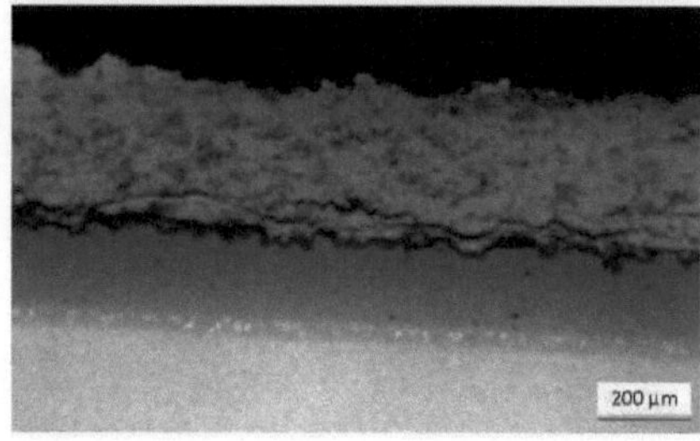

After 150 hr cycling at 1121 °C

Figura 3-23- Seguimento da propagação da fenda

Figura 3-24- b) Parâmetros de seguimento de fendas

	TGO thickness (μm)	Number of cracks	Crack length (μm)
Before cycling	0	0	0
After 75 hr cycling at 1121 °C	3.5-4	7	100-350
fter 150 hr cycling at 1121 °C	5.5-7	6	150-400

Figura 3-24- b) Parâmetros de seguimento de fendas

As Figuras 3-23 e 3-24 apresentam um exemplo de análise quantitativa que pode ser efectuada utilizando dados de micro-CT. Além disso, todas as camadas, para além das fissuras, podem ser representadas em 3D após os passos de processamento de imagem adequados. Uma imagem deste tipo abre novas oportunidades de análise, como a alteração da forma das fissuras, a ligação das fissuras e a posição das fissuras em relação às asperezas da superfície interfacial, que são discutidas em secções posteriores. A Figura 3-25 mostra como as fissuras e os vazios são representados em 3D no interior da camada superior.

a) Top coat *b) Top coat internal pores and cracks structure*

Figura 3-25- Observação de fissuras e poros numa imagem segmentada

CAPÍTULO 4: ANÁLISE DE FISSURAS

4.1 Visualização das estruturas internas do TBC

As imagens 3D de várias amostras, que foram submetidas a ciclos até à falha, são reconstruídas para análises posteriores de cada amostra. Embora a tomografia seja feita sempre na mesma área após o ciclo térmico, é um pouco complicado, como se verá na secção seguinte, encontrar sempre a mesma fenda quando a amostra é montada para tomografia. Para o conseguir, é necessário ter em conta as caraterísticas de cada corte durante a tomografia, onde a fenda está presente. Considerando que o tamanho da janela é próximo de 2000 micrómetros e que o tamanho do pixel é selecionado para ser 1,9 microns, o tamanho do pixel será também o valor da espessura para cada corte virtual 2D. Estes cortes estão, de facto, a gerar a imagem 3D. A procura de caraterísticas semelhantes nestas fatias, onde as fissuras também estão presentes, para cada ciclo de ciclismo é o passo inicial para poder comparar as mesmas fissuras. Na figura 4-1, estes cortes são apresentados para a amostra do tipo c, que é uma amostra de 1 por 2 mm.

Como se pode ver na figura 4-1, as mesmas fissuras são fotografadas em diferentes fases do processo de ciclo. Uma vez que a mesma área é fotografada, o processo de seleção das fissuras é possível e ainda assim complicado, como se segue. A partir das últimas imagens digitalizadas, que são as anteriores à falha, é possível percorrer os cortes e encontrar uma fissura específica. A mesma fissura pode ser localizada em cortes de exames anteriores, tendo em conta a forma da fissura e as caraterísticas da vizinhança. Isto dará a oportunidade de encontrar o ponto de partida da fenda e estudar as possíveis razões para que a fenda se desenvolva nessa região específica, como a alteração dos parâmetros da superfície, a presença de poros na vizinhança e outras ideias possíveis para estudar as condições para a localização da iniciação da fenda. A seguir, as fissuras são segmentadas e visualizadas utilizando o software Avizo fire versão 8.01 e o comportamento observado é explicado em mais pormenor.

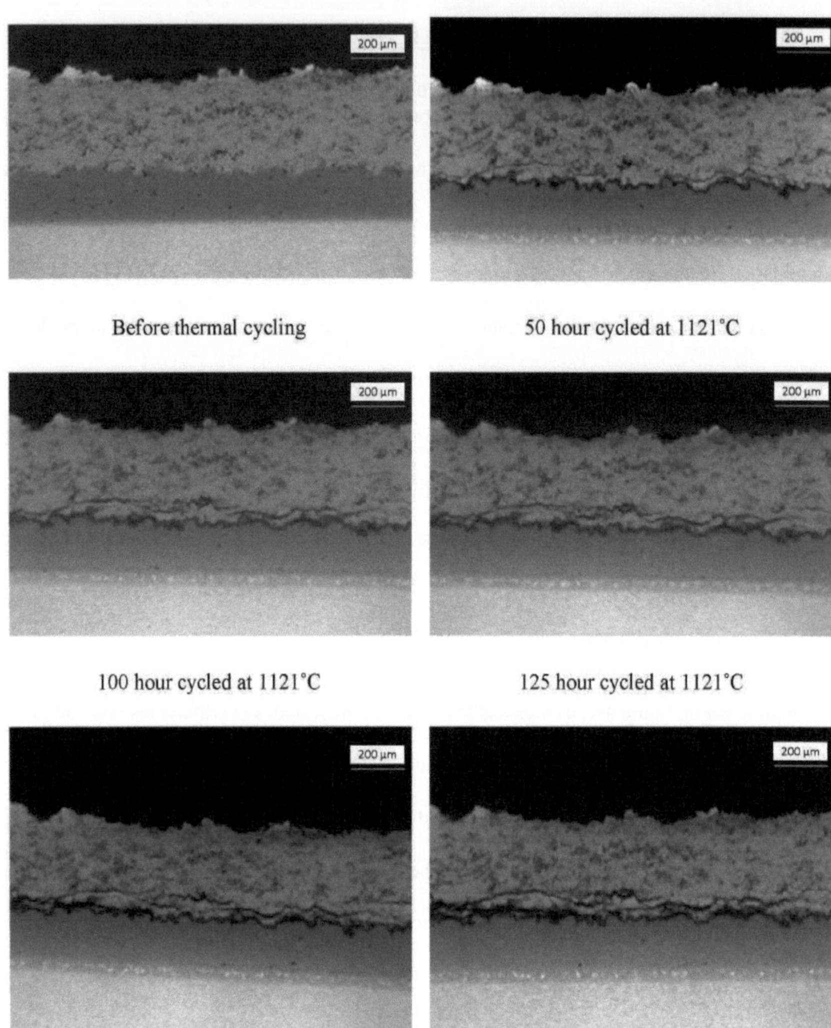

150 hour cycled at 1121°C

175 hour cycled at 1121°C (failure)

Figura 4-1- Uma progressão de imagens de tomografia de raios X da amostra (a) de experiências de experiências de ciclos térmicos

Graças ao software de processamento de imagem e aos supercomputadores com elevadas capacidades de cálculo, é possível segmentar em minutos os ficheiros de imagem de grandes dimensões em áreas que representam o TBC, a camada de ligação e as regiões que consistem em fissuras vazias para ficheiros de tomografia de raios X. Tirando partido da ferramenta de segmentação do software Avizo, que consiste em atribuir um material com base no contraste dos pixels; e utilizando a ferramenta de pincel de alcance limitado, é possível segmentar a área exacta das fissuras e visualizá-las separadamente em 3D. Isto foi feito para cada um dos exames separadamente e a forma da fenda e a mudança de forma durante o ciclo serão bem apresentadas. Na figura seguinte, as fissuras são apresentadas separadamente para cada período de ciclo.

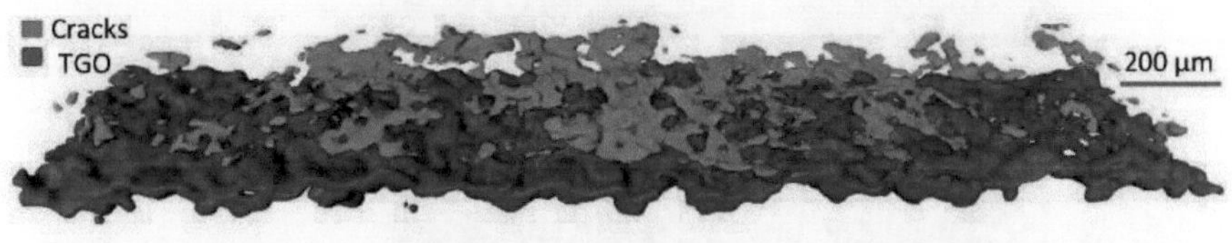

a) 50 hours thermal cycled at 1121 °C

b) 100 hours thermal cycled at 1121 °C

c) 150 hours thermal cycled at 1121 °C

Figura 4-2 - Fissuras e apresentação TGO da amostra (a) durante ciclos múltiplos

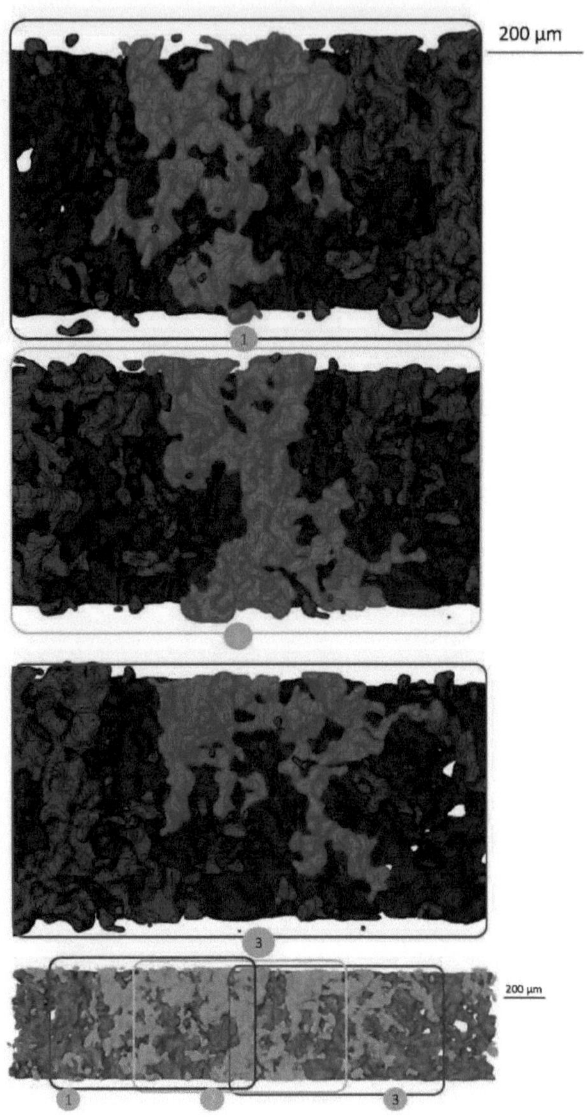

Figura 4-3- Fissuras separadas antes da ligação na amostra submetida a ciclos térmicos de 50 horas a 1121°C

De acordo com a figura 4-3, que mostra as três fendas grandes selecionadas e apresentadas separadamente da figura original na parte inferior, é possível selecionar fendas separadamente utilizando a ferramenta varinha mágica no editor de superfícies e efetuar qualquer tipo de análise. Na figura 4-3 vê-se que há muitas fissuras pequenas, mas três fissuras grandes que são provavelmente criadas pela ligação das fissuras mais pequenas e dos poros durante o ciclo térmico. Mas na figura 4-4 pode ver-se claramente que essas três fendas grandes estão agora ligadas após mais 50 horas de ciclo, o que também foi mostrado na figura 4-2 b, e criaram uma fenda maior que pode resultar na falha do TBC.

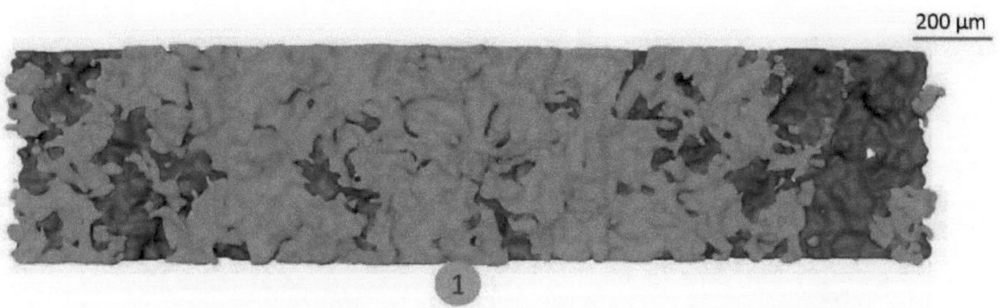

Figura 4-4- Fendas ligadas e selecionadas como uma única fenda

Como se pode ver nas figuras 4-3 e 4-4, a forma da fenda e a ligação são bem apresentadas em 3D. A fim de investigar melhor as condições de ligação das fissuras, são considerados vários casos diferentes. A seguir, o mesmo processo de rastreio de fissuras é efectuado na amostra do tipo (d), que é a amostra de 3 por 3 milímetros. Na figura 4-5 (a), vê-se como as fissuras estão localizadas em relação às asperezas da camada de ligação, especialmente na sua fase inicial. Para investigar melhor a relação entre o local de iniciação da fissura e os parâmetros da superfície da camada de ligação, a curvatura do raio médio da superfície TGO é calculada através do ajuste de uma spline cúbica à superfície e, em seguida, obtém-se a informação sobre a curvatura, Fig. 4-5 (b). Parece que as fissuras tendem a iniciar-se principalmente sobre ou à volta de um cume.

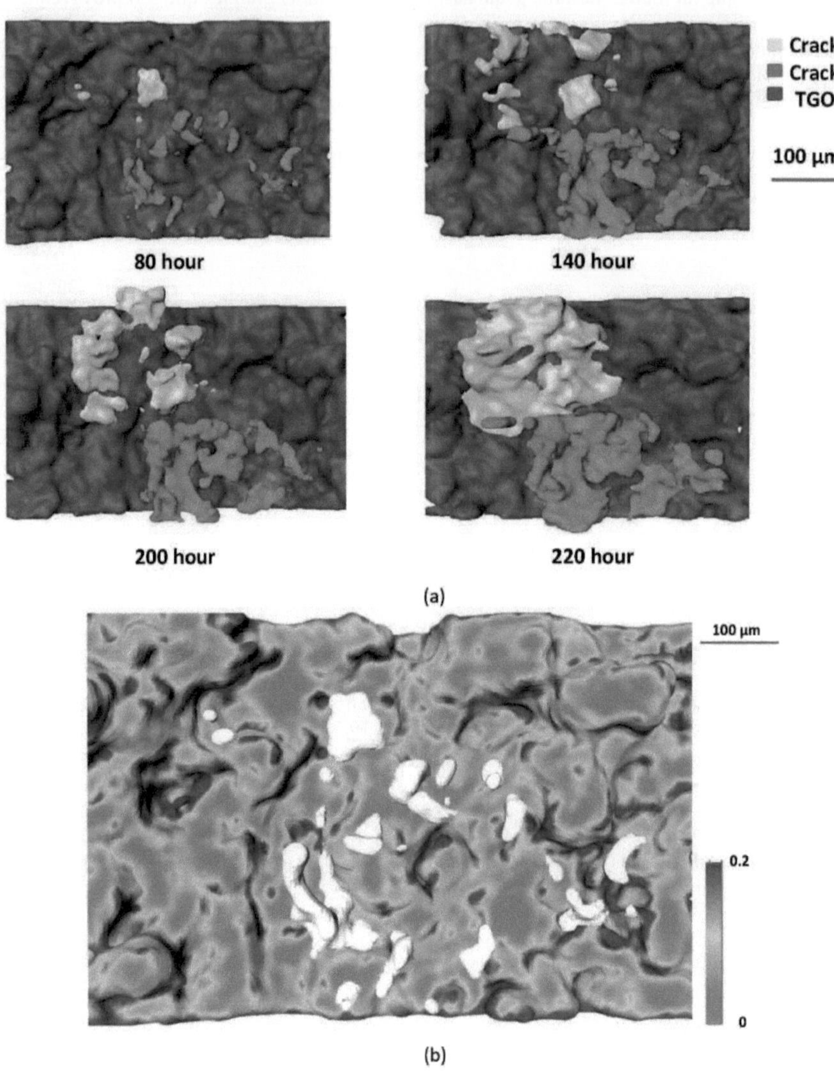

Figura 4-5 - a) Crescimento de fissuras numa amostra de tamanho 3 por 3, b) Apresentação da superfície IGO curvatura em relação à localização das fissuras para uma amostra de 80 horas

A Figura 4-5 b apresenta a curvatura da superfície que é igual a zero nos picos e é máxima nos declives máximos. Para analisar melhor a localização das fissuras em relação às asperezas do TGO, apresenta-se a Figura 4-6 para a amostra (d) (com uma dimensão de 3 por 3 mm) que foi submetida a ciclos térmicos em durante 80 horas. Pode ver-se que as fissuras no TBC estão localizadas acima dos cumes ou sobre um vale do TGO, pelo que a imagem do mapa de curvatura não mostra uma relação sistemática da fissura com a subsuperfície.. Há também algumas fissuras que penetraram no TGO. A figura 4-6 mostra uma representação em 3D da fissura apresentada na figura. A visualização cuidadosa e repetida destas imagens em 3D parece não haver uma relação sistemática entre a geometria da camada de ligação e a localização da fissura. Além disso, as fissuras estão quase sempre acima da interface a uma distância que se situa aproximadamente entre 20 e 50 microns ou cerca de 30 a 70% da altura do pico ao vale da aspereza típica.

Examinando a Figura 4.5a, pode ver-se que algumas fissuras maiores crescem muito pouco entre 80 e 140 ciclos, enquanto algumas fissuras mais pequenas ultrapassam e tornam-se maiores do que algumas fissuras grandes. Na modelação do crescimento de fissuras, as fissuras maiores crescerão mais rapidamente ou à mesma velocidade que as fissuras mais pequenas, pelo que os resultados actuais constituem um desafio importante para os esforços de modelação e sugerem, mais uma vez, condições muito heterogéneas no TBC.

Figura 4-6 - Vista lateral de fissuras na amostra (d) após 80 horas de ciclos térmicos a 1121

Nesta amostra específica, podemos ver 14 fissuras. É possível observar que, após cerca de 25 por cento do ciclo térmico de vida, as fissuras estão ligadas da seguinte forma.

- 14 fissuras são reduzidas a 5 fissuras e 5 novas fissuras são geradas após a segunda ronda de ciclos. Neste caso, catorze fendas fundiram-se numa só.

- Todas as fissuras estão ligadas umas às outras na última ronda de ciclos antes da falha e geraram 2 grandes fissuras.
- Depois de observar a localização das fissuras tanto nas imagens segmentadas como nas fatias virtuais, que são como micrografias, verifica-se que as fissuras estão localizadas acima da superfície do TGO, a uma distância de cerca de 20 a 60 microns da superfície do TGO.

4.2 Comportamento das fissuras

Em todas as imagens, as fissuras estão localizadas mesmo acima do TGO, até cerca de 50-70 microns. As fissuras aparecem e ligam-se nesta área, mas à medida que se aproxima do TGO, o progresso das fissuras e a taxa de crescimento das fissuras são geralmente mais elevados. Na figura 6 mostra-se que, embora haja uma fenda maior acima da TGO, uma segunda fenda marcada pela seta, que é inicialmente mais pequena, cresce mais rapidamente e resulta na falha final. Isto é contrário às expectativas da mecânica da fratura, uma vez que a fenda grande que começou presumivelmente numa área de tensão elevada é ultrapassada por uma fenda que aparece mais tarde e que tem de crescer mais depressa do que a fenda grande para a apanhar e ultrapassar. Neste caso, o campo de tensões e/ou a resistência dos materiais devem ser muito heterogéneos ou evoluem de forma surpreendente.

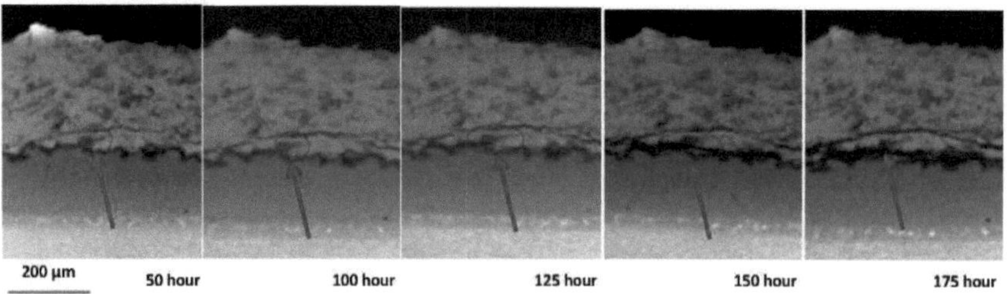

Figura 4-7- Crescimento mais rápido de fissuras observado na área mais próxima do TGO

Para além da tendência das fissuras para crescerem na região imediatamente acima do TGO, também se verificou que as fissuras, que se iniciam entre dois picos, se ligam normalmente ao TGO perto do topo dos picos do TGO/camada de ligação lateral. A Figura s mostra a iniciação de fissuras entre picos e a sua fusão com o TGO no pico, para a amostra c, uma amostra de 1 por 2 mm.

a) 150 hour cycled

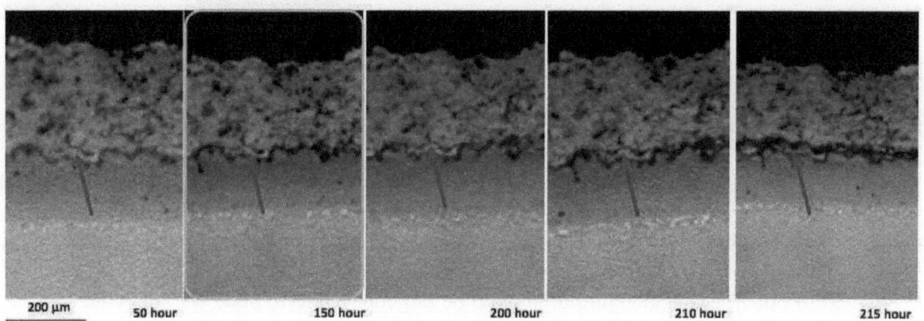

Figura 4-8- Fissura de ligação ao TGO que cresce no topo dos picos

A quantificação do comportamento das fissuras é efectuada através da medição do comprimento e da abertura das fissuras, bem como da espessura do TGO, utilizando as imagens dos exames de raios X. A Figura 4-9 apresenta os valores dos comprimentos das fissuras, da densidade das fissuras, da espessura do TGO e da abertura das fissuras no tipo de amostra (c).

Como se pode ver na figura 4-8, o comportamento das fissuras pode ser quantificado a partir dos dados da tomografia de raios X. A espessura do TGO e a abertura da fenda também são quantificadas utilizando as micrografias e apresentadas nos gráficos (a) e (b) da figura. No gráfico (d), a densidade de fissuras é apresentada para cada 2 milímetros de comprimento da camada de ligação, que é o tamanho da janela de tomografia. Pode ver-se que o número de fissuras aumenta à medida que a amostra é submetida a ciclos até cerca de metade da sua vida útil e diminui depois disso até à falha.

Entretanto, o comprimento das fissuras, gráfico (c), está a aumentar ao longo de toda a vida útil do TBC. Pode ver-se a partir destes resultados que, durante a ciclagem, as pequenas fissuras começam a aparecer no TBC e a crescer. Quando a amostra atinge aproximadamente metade da sua vida útil, o comprimento das fissuras aumenta a um ritmo mais elevado e o número de fissuras diminui. Pode concluir-se que a ligação de fissuras domina à medida que a amostra é submetida a ciclos superiores a metade da sua vida útil. Analisando os resultados do gráfico (c), verifica-se que o tipo de amostra (c), que tem apenas 2 mm de largura, apresenta as maiores fissuras durante o ciclo térmico. O problema do efeito de borda pode ser a principal razão para a existência de fissuras de grandes dimensões nesta amostra nas suas fases iniciais. As amostras (d) e (e), que têm 3 e 5 mm de largura, respetivamente, comportam-se quase da mesma forma, o que significa que uma amostra de 3 por 3 mm é suficientemente grande para evitar o problema do efeito de borda e o tamanho da fenda é inferior a 100 mícrones antes de 80% da sua vida útil. Este comportamento também já foi referido anteriormente [52] para amostras de cupões inteiros, revelado por seccionamento intensivo envolvendo mais de 1000 micrografias. Isto mostra que o tamanho mínimo das amostras a cortar e que ainda assim obtêm o mesmo comportamento de um cupão inteiro pode ser tão pequeno como 3 por 3 milímetros.

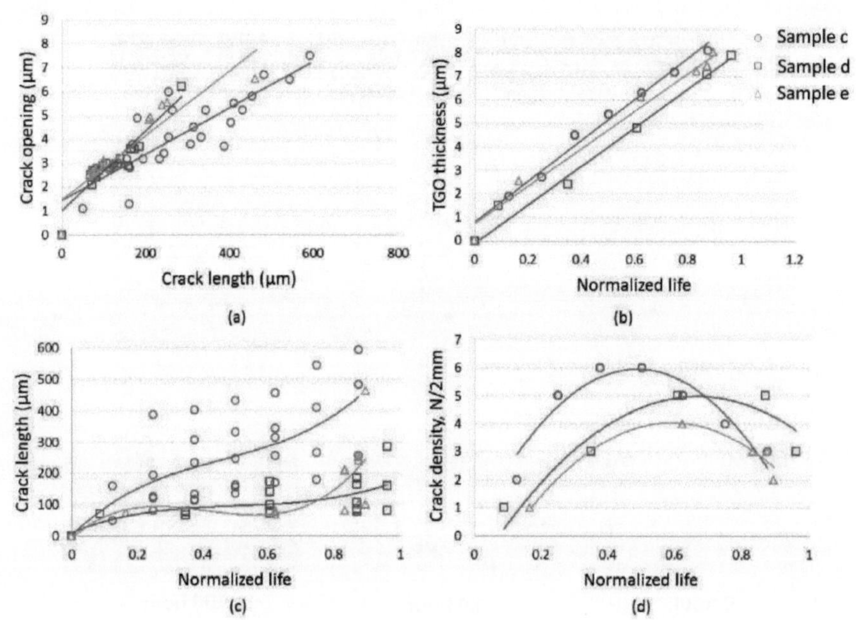

Figura 4-9- Comportamento quantificado do crescimento de fissuras

4.3 Correlação de fissuras com TGO

Efectuando mais de 1200 horas de tomografia em mais de 20 peças de amostras de APS TBC de diferentes tamanhos, também se verificou que, por vezes, existe uma correlação entre a geometria da fenda e o TGO em alguns locais. Verifica-se que estas localizações são, na sua maioria, onde a fissura é inicialmente iniciada sobre um pico e não no meio ou sobre um vale, Fig. 4-10.

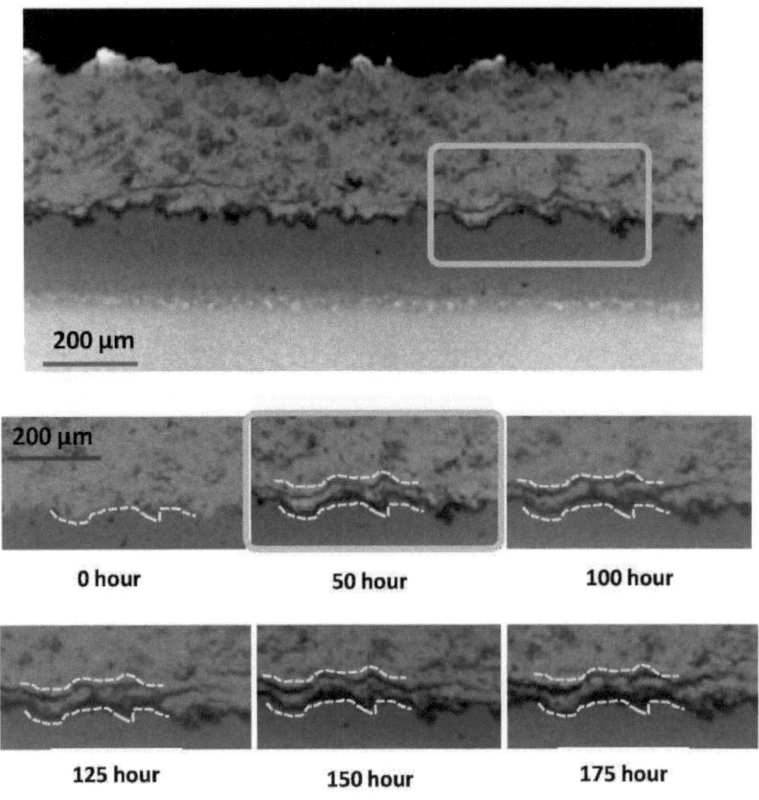

Figura 4-10-Correlação entre fissura e TGO observada em algumas áreas específicas

4.5 Correlação entre a geometria da superfície da camada de ligação e da camada superior

De acordo com as secções anteriores, verificou-se que existe uma correlação entre a geometria da superfície da camada superior e da camada de ligação, o que foi feito com uma camada superior de 100 mícrones de espessura devido às limitações da potência da fonte. Utilizando a nova fonte com uma potência de 160 Kv, é possível captar os parâmetros da superfície da amostra utilizada nesta investigação com uma camada superior de 300 mícrones de espessura. Pode ver-se na figura

4-11 que as superfícies superiores podem ser separadas virtualmente do material da camada superior e da camada de ligação e estudadas separadamente.

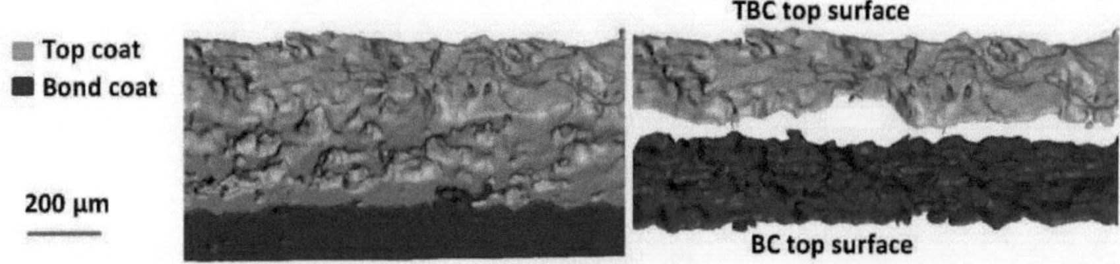

Figura 4-11- Separação da superfície superior do TBC e do BC para análises de correlação

Os parâmetros da superfície podem ser analisados utilizando estes tipos de dados. A rugosidade da superfície, uma das causas importantes da falha do TBC, é analisada através do cálculo da tortuosidade (a razão entre o comprimento da interface TGO/ revestimento de ligação e o comprimento da linha reta projectada) para quatro perfis diferentes selecionados da superfície. Estes quatro perfis são selecionados com base no comprimento de onda caraterístico da superfície, que é calculado com base na auto-correlação e mais pormenores estão fora do âmbito deste documento, de modo a garantir que têm a dependência mínima. Com base na figura 4-12, verifica-se que os valores de tortuosidade, tanto para a camada de ligação como para a camada superior, estão a aumentar à medida que a amostra é submetida a ciclos térmicos. Em contrapartida, o valor da correlação está a diminuir durante o ciclo térmico. A correlação é de cerca de 0,8 antes do ciclo térmico, o que define uma dependência linear considerável entre as duas superfícies. Este valor é praticamente o mesmo que o registado em diferentes amostras na secção 3.5. medida que a amostra vai sendo submetida a ciclos, os valores de correlação vão diminuindo, o que pode dever-se à redução da ligação entre os dois materiais à medida que as fissuras crescem.

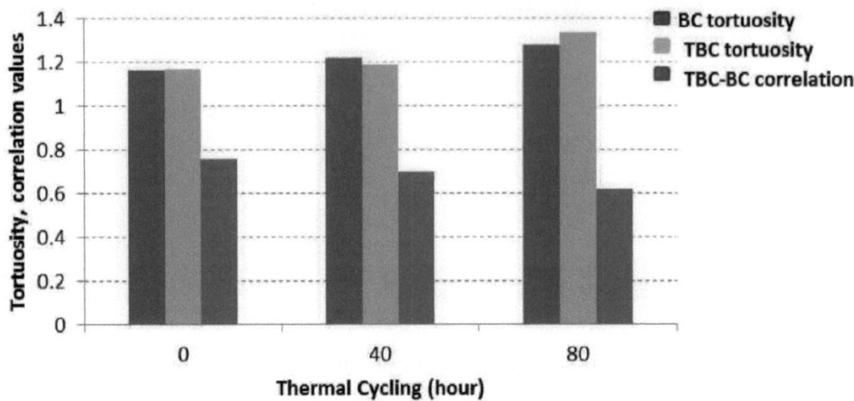

Figura 4-12- Valores de tortuosidade para perfis selecionados da camada de ligação e da camada superior e correlação entre eles

Para além da correlação encontrada entre as superfícies da camada superior e da camada de ligação, também se verificou que este valor também depende da espessura da camada superior. Para uma camada superior de TBC com 100 mícrones de espessura, a correlação é de cerca de 0,85, ao passo que é de apenas 0,75 quando a camada superior tem 250 mícrones de espessura. Embora este valor diminua com a espessura da camada superior, o valor de correlação continua a ser considerável e pode ser utilizado como parâmetro não destrutivo para a validação do empeno da camada de ligação.

CAPÍTULO 5: CONCLUSÃO E TRABALHOS FUTUROS

Esta dissertação contribui para o estudo dos revestimentos de barreira térmica em cinco grandes áreas:

1. **A microscopia confocal foi utilizada para visualizar as formas das fissuras, mas devido à penetração limitada do laser no material TBC, este esforço não produziu resultados satisfatórios.**
2. **Otimização da técnica de tomografia de raios X e dos seus parâmetros de aquisição interdependentes para a obtenção de imagens 3D de revestimentos de barreira térmica**

A produção de imagens 3D utilizando a tomografia de raios X é difícil devido à forte absorção de raios X pelas amostras de metal e cerâmica. A otimização dos parâmetros depende em certa medida do equipamento de raios X utilizado. No entanto, as condições encontradas neste estudo são típicas de condições adequadas e podem ser relacionadas com outro equipamento com conhecimentos básicos de física de imagiologia de raios X. A máquina específica utilizada foi a Versa 510 com uma tensão de fonte de 160 KV, uma potência total de 10 watts e um dispositivo de imagem com 1 milhão de pixels e várias objectivas. Esta tarefa principal foi realizada através de várias sub-tarefas, incluindo:

- Foi determinado que a tensão máxima de 160 Kv e a potência máxima eram óptimas para esta máquina. Não foi possível determinar se tensões ou potências mais elevadas eram mais óptimas devido às limitações da máquina
- Otimização do número necessário de projecções de raios X para obter resultados com resolução suficiente para investigar regiões de interesse nos TBC, incluindo a geometria da superfície TGO e os vazios no revestimento superior de cerâmica, utilizando 2000 projecções. A imagiologia de fissuras exigiu 4000 projecções. O número de projecções foi adequado sem ser excessivo para criar artefactos devido ao potencial movimento da amostra e da plataforma ou à instabilidade da energia da fonte.

- A otimização da distância do detetor à amostra em 20 mm, enquanto a distância da amostra ao detetor foi optimizada em 30 mm para utilizar a ampliação geométrica e ótica simultânea para atingir o tamanho de pixel necessário, previamente selecionado com base na investigação de imagens SEM para fissuras e estereofotogrametria para ranhuras

3. Determinar a dimensão correta da amostra para tornar viável a imagiologia TBC e a segmentação posterior

- Os TBC são feitos de materiais altamente atenuantes de raios X, o que impossibilita a investigação de amostras sob a forma de grandes cupões. As amostras mais pequenas podem comportar-se de forma diferente e ter um mecanismo de falha diferente. Este estudo identificou, pela primeira vez, a dimensão ideal da amostra que se comporta de forma semelhante à de um cupão, encontrando dimensões de amostra reduzidas que produziram aproximadamente a mesma vida cíclica no forno e o mesmo mecanismo de falha que os cupões maiores. Esta determinação da dimensão mínima da amostra depende um pouco da espessura do revestimento e de outras propriedades, mas deverá permitir efetuar excelentes primeiras escolhas em estudos futuros. Neste estudo, verificou-se que a dimensão mínima da amostra era de 3 mm x 3 mm, com a amostra na espessura total. As amostras mais pequenas não tinham a mesma vida útil que as amostras de espessura total e não puderam ser utilizadas. A dimensão ideal da amostra pode ser adoptada pela comunidade para futuros estudos qualitativos e quantitativos dos TBC.

- **Desenvolvimento de um procedimento de processamento e análise de imagens para transferir fielmente imagens 3D para ficheiros de superfície STL como tecnologia de base para qualquer futura análise quantitativa 3D**

- Os dados quantitativos 2D e as análises qualitativas são possíveis através da observação de imagens 3D, mas a extração de dados 3D requer segmentação, ou seja, a atribuição de um determinado material a cada voxel com base no valor da intensidade
- São identificados os desafios da segmentação dos TBC. Em particular, é necessário distinguir entre poros e fissuras e garantir que a informação de profundidade das fissuras não é exagerada. Este

estudo utiliza a limiarização localizada de gama limitada em oposição à limiarização automática de volume para atribuir intensidades de píxeis pertencentes apenas às fissuras. Na seleção do limiar, deve ter-se o cuidado de não considerar os voxels parcialmente cobertos pela fenda como parte da fenda, para que as fendas não sejam rotuladas como vazios. O algoritmo desenvolvido pode ser utilizado para identificar fissuras e segmentá-las em imagens 3D de quaisquer outras amostras, independentemente do material.

- Para utilizar as ferramentas de visualização 3D no AVISO, os voxels (ficheiros TXM) foram convertidos em ficheiros de dados de superfície (ficheiros SURF). O exame e a compreensão das imagens 3D exigiram esta conversão. Além disso, estes tipos de dados gerados para superfícies podem ser importados diretamente para o software de EF ou utilizados para modelação em trabalhos futuros por estudantes que se seguem.

4. Demonstrar a viabilidade dos estudos potenciais enumerados em (2), efectuando análises quantitativas (para os primeiros pontos infra) e qualitativas (para os dois últimos pontos infra) em mais de 50 amostras ao longo do tempo:

- Foi demonstrado que, adoptando duas medidas de registo, uma antes da aquisição e outra após a aquisição, é possível tornar a técnica suficientemente repetível para estudar a evolução de uma região de interesse selecionada ao longo de vários intervalos de tratamento térmico.
- Esta é uma tecnologia que, pela primeira vez, oferece à comunidade a oportunidade única de seguir as alterações em diferentes camadas, como TGO, Bondcoat e Topcoat e fissuras, de forma não destrutiva e local.

Foram descobertas caraterísticas específicas de fissuras

- **As formas das fendas são muito irregulares, especialmente quando são maiores e formadas principalmente por ligação. Em alguns casos, nem sequer estão simplesmente ligadas.**
- **As fissuras iniciais abrangem uma gama de rácios de aspeto: para as fissuras iniciais**

inferiores a 50 microns, o rácio de aspeto foi em média de 1,5, enquanto que para as fissuras maiores o rácio de aspeto médio foi de aproximadamente 3,0 e foram observados valores tão grandes como 5.

- **A ligação de fissuras envolve eventos intensivos de ligação múltipla entre fissuras de uma vasta gama de tamanhos. Num período tão curto como 50 a 70% da vida cíclica, até 2-10 fissuras podem ser ligadas numa única fissura. É provável que a ligação produza a forma de fenda altamente irregular observada para fendas maiores.**
- **As fissuras maiores não crescem necessariamente mais depressa do que as fissuras mais pequenas. A ligação das fissuras parece, pelo contrário, conduzir a um crescimento mais rápido.**
- **As fissuras tendem a crescer cerca de 25-50 microns acima da superfície do TGO. Isto é entre 0,5 e 0,8 vezes a altura típica da aspereza**
- **A alteração da forma da camada de ligação reflecte-se parcialmente em alterações correspondentes, mas um pouco menores, na superfície superior da camada de acabamento. Isto oferece a possibilidade de observar os danos causados pelo ruflar da superfície livre.**

As cinco questões iniciais colocadas no resumo são respondidas da seguinte forma, com base nos resultados acima referidos:

a) **O local de início da fissura está correlacionado com a geometria inicial da interface TBC da camada de ligação?** Parece não estar fortemente relacionado com a forma da geometria da camada de ligação subjacente, especialmente para fissuras mais curtas. Isto não é muito surpreendente porque a grande maioria das fissuras está significativamente acima dos cumes da camada de ligação e pareceria, na maioria dos casos, demasiado longe da camada de ligação para que esta tivesse um efeito dominante. Este facto contradiz praticamente todos os modelos conhecidos.

b) **Quais são as formas das fissuras TBC necessárias para a modelação?** Nas fases iniciais, as fissuras variam de quase circulares a com rácios de aspeto até 4 Fig. 4.5a. Parece haver um comportamento muito heterogéneo a esta escala de tamanho. Nas fases posteriores, as fissuras têm formas extremamente irregulares e, nalguns casos, nem sequer estão simplesmente ligadas 4.5b e 4.6. Estas formas são bastante surpreendentes e constituem um grande desafio, a menos que a ligação seja melhor compreendida.

c) **A fenda maior cresce igual ou mais rapidamente do que as fendas mais pequenas?** Isto é um pouco obscurecido pela ligação, no entanto, há muitos casos de pequenas fissuras que crescem muito mais rapidamente do que as grandes fissuras, indicando novamente propriedades materiais altamente heterogéneas

ou tensão nas escalas de tamanho mais pequenas. Isto não é consistente com a mecânica da fratura assumindo um comportamento homogéneo do material e a sua tenacidade.

d) **Sabe-se que a ligação de fissuras é uma caraterística do dano, qual é a natureza da progressão da ligação?** A ligação é muito rápida e, em apenas 20% do tempo de vida da falha, até 14 fissuras podem fundir-se numa única fissura grande. Além disso, surgem novas fissuras no mesmo período de tempo em que ocorre a intensa ligação (Fig. 4.5a). As fissuras originalmente separadas por muitos diâmetros podem fundir-se neste período de tempo relativamente curto.

e) **Qual é a relação entre a alteração da geometria na interface oculta da camada de ligação com a cerâmica e a superfície livre da cerâmica e pode a alteração da geometria da superfície livre, que é mais facilmente medida, ser utilizada para avaliar a extensão da geometria da interface da camada de ligação?** A alteração da geometria da camada superior está correlacionada com a da camada de ligação, mas é inferior à da camada de ligação para a espessura aqui estudada (250 microns), mas a medição da geometria da superfície da camada de ligação pode ser útil na inspeção não destrutiva.

Trabalho futuro:

Como todo o processo de imagiologia, pós-processamento e análise foi optimizado e verificado neste trabalho. Os dados fornecem à investigação TBC um tesouro de informações que permite numerosos estudos futuros:

- **Estudar a iniciação e o crescimento muito precoce da fenda e mais pormenores de ligação.**
- Nas experiências iniciais, a frequência de aquisição de imagens necessária para investigar o comportamento de interesse tinha sido adivinhada a partir dos resultados apresentados. É necessário obter imagens mais frequentes a partir de cerca de 15% da vida útil e 50% da vida útil para investigar a progressão da ligação em eventos únicos e para ver onde se formam as primeiras fissuras e estimar a sua taxa de crescimento.
- **Investigação quantitativa da correlação entre a iniciação de fissuras e a geometria da superfície do TGO**
- **Investigação da dependência ou independência do crescimento da fenda em relação à área da fenda**
- **Encontrar a relação, caso exista, entre os locais de iniciação de fissuras e a topografia da camada de ligação pré-existente e/ou as alterações induzidas pelo rumpling nessa topografia. Isto pode então ser comparado com as suposições feitas nos modelos existentes na literatura, sugerindo quais, se houver, estão a corresponder ao comportamento observado e o que sugere ser crítico na modelação dos locais de iniciação de fendas.**
- **Os modelos actuais baseados nas propriedades homogéneas dos materiais parecem incapazes de prever o comportamento heterogéneo observado. Após ou antes do desenvolvimento de uma compreensão da natureza do comportamento heterogéneo, terão de ser criados modelos estocásticos para prever o comportamento observado.**

CAPÍTULO 6:REFERÊNCIAS

[1] A. Kulkarni, A. Goland, H. Herman, A. J. Allen, T. Dobbins e F. DeCarlo et al, "Advanced neutron and X-ray techniques for insights into the microstructure of EB-PVD thermal barrier coatings,",

[2] R. Panat e K. J. Hsia, "Experimental investigation of the bond-coat rumpling instability under isothermal and cyclic thermal histories in thermal barrier systems," *Proceedings of the Royal Society A: Mathematical, Physical and Engineering Sciences,* vol. 460, no. 2047, pp. 1957-1979, 2004.

[3] F. Wu, E. Jordan, X. Ma e M. Gell, "Thermally grown oxide growth behavior and spallation lives of solution precursor plasma spray thermal barrier coatings," *Surface and Coatings Technology,* vol. 202, no. 9, pp. 1628-1635, 2008.

[4] Y. Sohn, J. Kim, E. Jordan e M. Gell, "Thermal cycling of EB-PVD/MCrAlY thermal barrier coatings: I. Microstructural development and spallation mechanisms," *Surface and Coatings Technology,* vol. 146, pp. 70-78, 2001.

[5] B. Mendis e K. Hemker, "Thermal stability of microstructural phases in commercial NiCoCrAlY bond coats," *Scripta Materialia,* vol. 58, no. 4, pp. 255-258, 2008.

[6] A. Khan e J. Lu, "Behavior of air plasma sprayed thermal barrier coatings, subject to intense thermal cycling," *Surface and Coatings Technology,* vol. 166, no. 1, pp. 37-43, 2003.

[7] C. Mercer, D. Hovis, A. Heuer, T. Tomimatsu, Y. Kagawa e A. Evans, "Influence of thermal cycle on surface evolution and oxide formation in a superalloy system with a NiCoCrAlY bond coat," *Surface and Coatings Technology,* vol. 202, n.º 20, pp. 4915-4921, 2008.

[8] H. Zhu, N. Fleck, A. Cocks e A. Evans, "Numerical simulations of crack formation from pegs in thermal barrier systems with NiCoCrAlY bond coats," *Materials Science and Engineering: A,* vol. 404, no. 1-2, pp. 26-32, 2005.

[9] T. Xu, S. Faulhaber, C. Mercer, M. Maloney e A. Evans, "Observations and analyses of failure mechanisms in thermal barrier systems with two phase bond coats based on NiCoCrAlY," *Ata Materialia,* vol. 52, no. 6, pp. 1439-1450, 2004.

[10] R. Wu, X. Wang e A. Atkinson, "On the interfacial degradation mechanisms of thermal barrier coating systems: Effects of bond coat composition," *ActaMaterialia,* vol. 58, no. 17, pp. 5578-5585, 2010.

[11] V. Tolpygo e D. Clarke, "On the rumpling mechanism in nickel-aluminide coatings", *ActaMaterialia,* vol. 52, n.º 17, pp. 5115-5127, 2004.

[12] V. Tolpygo e D. Clarke, "Rumpling induced by thermal cycling of an overlay coating: the effect of coating thickness," *ActaMaterialia,* vol. 52, no. 3, pp. 615-621, 2004.

[13] V. Tolpygo e D. Clarke, "Surface rumpling of a (Ni, Pt) Al bond coat induced by cyclic oxidation," *Ata Materialia,* vol. 48, no. 13, pp. 3283-3293, 2000.

[14] V. Tolpygo e D. Clarke, "On the rumpling mechanism in nickel-aluminide coatings (1)", *ActaMaterialia,* vol. 52, n.º 17, pp. 5129-5141, 2004.

[15] V. Tolpygo e D. Clarke, "Rumpling of CVD (Ni,Pt)Al diffusion coatings under intermediate temperature cycling," *Surface and Coatings Technology,* vol. 203, n.º 20-21, pp. 3278-3285, 2009.

[16] V. Tolpygo e D. Clarke, "Temperature and cycle-time dependence of rumpling in platinum-modified diffusion aluminide coatings," *ScriptaMaterialia,* vol. 57, no. 7, pp. 563566, 2007.

[17] S. Dryepondt, J. R. Porter e D. R. Clarke, "On the initiation of cyclic oxidation-indduced rumpling of platinum-modified nickel aluminide coatings", *ActaMaterialia,* vol. 57, n.º 6, pp. 1717-1723, 2009.

[18] S. Sridharan, L. Xie, E. H. Jordan, M. Gell e K. Murphy, "Damage evolution in an electron beam physical vapor deposited thermal barrier coating as a function of cycle temperature and time," *Materials Science and Engineering: A,* vol. 393, no. 1-2, pp. 51-62, 2005.

[19] L. Xie, Y. Sohn, E. H. Jordan e M. Gell, "The effect of bond coat grit blasting on the durability and thermally grown oxide stress in an electron beam physical vapor deposited thermal barrier coating," *Surface and Coatings Technology,* vol. 176, no. 1, pp. 57-66, 2003.

[20] M. Wen, E. H. Jordan e M. Gell, "Effect of temperature on rumpling and thermally grown oxide stress in an EB-PVD thermal barrier coating," *Surface and Coatings Technology,* vol. 201, no. 6, pp. 3289-3298, 2006.

[21] R. Panat, K. J. Hsia f e J. Oldham, "Rumpling instability in thermal barrier systems under isothermal conditions in vacuum," *Philosophical Magazine,* vol. 85, no. 1, pp. 45-64, 2005.

[22] S. Dryepondt e D. R. Clarke, "Cyclic oxidation-induced cracking of platinum- modified nickel-aluminide coatings", *ScriptaMaterialia,* vol. 60, n.º 10, pp. 917-920, 2009.

[23] J. Curran e T. Clyne, "The thermal conductivity of plasma electrolytic oxide coatings on aluminium and magnesium," ,

[24] Y. Zhao, A. Shinmi, X. Zhao, P. Withers, S. V. Boxel e N. Markocsan et al, "Investigation of interfacial properties of atmospheric plasma sprayed thermal barrier coatings with four-point bending and computed tomography technique," ,

[25] W.A. Ellingson, R.J. Visher, R.S. Lipanovich, and C. M. Deemer, "Optical NDE methods for ceramic thermal barrier coatings" *Journal of the American Society for Nondestructive Evaluation,* pp, 1-17, Nov. 2005]

[26] S. O. Chwa e A. Ohmori, "Microstructures of ZrO2-8wt.%Y2O3 coatings prepared by a

plasma laser hybrid spraying technique," *Surface and Coatings Technology,* vol. 153, pp. 304-312, 2002.

[27] S. Shahbazmohamadi, E.H. Jordan, "'Otimização de uma técnica de imagem de superfície 3D baseada em SEM para registar a geometria da superfície da camada de ligação em revestimentos de barreira térmica," *Measurement and Science Technology,* pp. 1-12, 2012.

[28] Padture, Nitin P., Maurice Gell e Eric H. Jordan. "Revestimentos de barreira térmica para aplicações em motores de gasturbina". *Science* 296.5566 (2002): 280-284.

[29] Vassen, R., Cao, X., Tietz, F., Basu, D., & Stover, D. (2000). Zirconatos como novos materiais para revestimentos de barreira térmica. *Journal of the American Ceramic Society, 83(8),* 20232028.

[30] Rabiei, A. G. E. A., e A. G. Evans. "Mecanismos de falha associados ao óxido crescido termicamente em revestimentos de barreira térmica pulverizados por plasma." *Ata materialia* 48.15 (2000): 3963-3976.

[31] Miller, Robert A. "Thermal barrier coatings for aircraft engines: history and diretions." *Journal of Thermal Spray Technology* 6.1 (1997): 35-42.

[32] Ellingson, W. A., Visher, R. J., Lipanovich, R. S., & Deemer, C. M. (2006). Métodos NDE ópticos para revestimentos de barreira térmica em cerâmica. *Materials evaluation,64(1* 45-51.

[33] Tolpygo, V. K., & Clarke, D. R. (2000). Rumpling de superfície de um revestimento de ligação (Ni, Pt) Al induzido por oxidação cíclica. *ActaMaterialia, 48*(13), 3283-3293.

[34] Zhao, Y., Shinmi, A., Zhao, X., Withers, P. J., Van Boxel, S., Markocsan, N., ... & Xiao, P. (2012). Investigação das propriedades interfaciais de revestimentos de barreira térmica pulverizados por plasma atmosférico com flexão de quatro pontos e técnica de tomografia computorizada. *Tecnologia de Superfícies e Revestimentos, 206(23),* 4922-4929.

[35] Padture, N. P., Schlichting, K. W., Bhatia, T., Ozturk, A., Cetegen, B., Jordan, E. H., ... & Osendi, M. I. (2001). Towards durable thermal barrier coatings with novelmicrostructures deposited by solution-precursor plasma spray. *Ata materialia, 49*(12), 2251-2257.

[36] Asadizanjani, Navid, Shahbazmohamadi, Sina, e Eric H. Jordan. "Investigação da mudança de geometria da superfície em revestimentos de barreira térmica usando tomografia computadorizada de raios-X". *38ª Conf & Expo Internacional de Cerâmica Avançada e Compósitos (ICACC 2014).*

[37] Feser, M., Gelb, J., Chang, H., Cui, H., Duewer, F., Lau, S. H., ... & Yun, W. (2008). TC de resolução submicrónica para análise de falhas e *desenvolvimento* de *processosMeasurement science and technology, 19*(9), 094001.

[38] Sunna, A., Hunter, L., Hutton, C. A., & Bergquist, P. L. (2002). Caracterização bioquímica de uma lipase termoalcofílica recombinante e avaliação da enantioselectividade do seu substrato.

Enzyme and microbial technology, 31(4), 472-476.

[39] Padture, Nitin P., Maurice Gell e Eric H. Jordan. "Revestimentos de barreira térmica para aplicações em motores gasturbina ." *Science* 296.5566 (2002): 280-284.

[40] Ellingson, W. A., Visher, R. J., Lipanovich, R. S., & Deemer, C. M. (2006). Métodos ópticos de NDE para revestimentos cerâmicos de barreira térmica. *Materials evaluation,64(T),* 45-51.

[41] Singh, H., & Gokhale, A. M. (2005). Visualização de imagens tridimensionais microestruturas. *Caracterização de materiais, 54*(1), 21-29.

[42] Dryepondt, S., Porter, J. R., & Clarke, D. R. (2009). Sobre o início da oxidação cíclica induzida por rutura de revestimentos de alumineto de níquel modificados com platina. *Ata Materialia, 57*(6), 1717-1723.

[43] Vaidyanathan, K., Jordan, E. H., & Gell, M. (2004). Geometria da superfície e efeitos da energia de deformação na falha de um revestimento de barreira térmica (Ni, Pt) Al/EB-PVD. *Ata materialia, 52*(5), 1107-1115.

[44] Chen, W. R., Archer, R., Huang, X., & Marple, B. R. (2008). Crescimento de TGO e propagação de fissuras num revestimento de barreira térmica. *Journal of Thermal Spray Technology, 17*(5-6), 858-864.

[45] Fan, X., Jiang, W., Li, J., Suo, T., Wang, T. J., & Xu, R. (2014). Estudo numérico sobre a delaminação interfacial de revestimentos de barreira térmica com múltiplas separações. *Tecnologia de Superfícies e Revestimentos, 244,* 117-122.

[46] Ranjbar-Far, M., Absi, J., Mariaux, G., & Smith, D. S. (2011). Modelação da propagação de fendas nas interfaces do sistema de revestimento de barreira térmica com diferentes espessuras da camada de óxido e diferentes *morfologias* de interface.*Materials & Design, 32*(10), 4961-4969.

[47] Miller, R. A., & Berndt, C. C. (1984). Desempenho de revestimentos de barreira térmica em ambientes de alto fluxo de calor. *Thin Solid Films, 119(2)* 195-202.

[48] Eldridge, J. I., Spuckler, C. M., & Martin, R. E. (2006). Monitorização da Progressão da Delaminação em Revestimentos de Barreira Térmica através de Imagens de Reflectância no Infravermelho Médio.
jornal de tecnologia cerâmica aplicada, 3(2), 94-104.

[49] Heeg, B., Tolpygo, V. K., & Clarke, D. R. (2011). Evolução de danos em revestimentos de barreira térmica com ciclagem térmica. *Journal of the American Ceramic Society, 94(s1),* s112-s119.

[50] Ray, A. K., Roy, N., & Godiwalla, K. M. (2001). Estudos de propagação de fissuras e propriedades da camada de ligação em revestimentos de barreira térmica sob flexão. *Boletim de Ciência dos Materiais, 24*(2), 203-209.

[51] Cernuschi, F., Capelli, S., Bison, P., Marinetti, S., Lorenzoni, L., Campagnoli, E., & Giolli, C.

(2011). Monitorização termográfica não destrutiva da evolução de fissuras em cupões de revestimento de barreira térmica durante o envelhecimento por oxidação cíclica. *ActaMaterialia, 59*(16), 6351-6361.

[52] Ahmadian, S., & Jordan, E. H. (2014). Explicação do efeito da ciclagem rápida sobre a oxidação, a rutura, a microfissuração e o tempo de vida dos revestimentos de barreira térmica pulverizados por plasma de ar. *Surface and Coatings Technology, 244,* 109-116.

[53] Jinnestrand, M., & Brodin, H. (2004). Iniciação e propagação de fissuras em revestimentos de barreira térmica pulverizados por plasma de ar, ensaios e modelação matemática do comportamento à fadiga de baixo ciclo. *Ciência e Engenharia dos Materiais: A, 379*(1), 45-57.

[54] Beck, T., Herzog, R., Trunova, O., Offermann, M., Steinbrech, R. W., & Singheiser, L. (2008). Mecanismos de dano e comportamento de vida útil de sistemas de revestimento de barreira térmica pulverizados por plasma para turbinas a gás - Parte II: Modelação. *Superfície e Revestimentos*
Tecnologia, 202(24), 5901-5908.

[55] Chaimoon, K., Attard, M. M., & Tin-Loi, F. (2008). A propagação de fissuras devido à fluência dependente do tempo em materiais quase frágeis sob carga sustentada. *Métodos computacionais em mecânica aplicada e engenharia, 197(21),* 1938-1952.

[56] Chen, X., Hutchinson, J. W., He, M. Y., & Evans, A. G. (2003). Sobre a propagação e a coalescência de fissuras de delaminação em revestimentos comprimidos: com aplicação a sistemas de barreira térmica. *Ata materialia, 51(7'),* 2017-2030.

[57] Xu, T., He, M. Y., & Evans, A. G. (2003). Uma avaliação numérica da durabilidade dos sistemas de barreira térmica que falham por roqueteamento do óxido cultivado termicamente. *Ata materialia, 51*(13), 3807-3820.

[58] Aktaa, J., Sfar, K., & Munz, D. (2005). Avaliação dos mecanismos de falha dos sistemas TBC utilizando uma abordagem de mecânica da fratura. *Ata materialia, 55*(16), 4399-4413.

[59] Ahmadian, S., Thistle, C., & Jordan, E. H. (2013). Estudo experimental e de elementos finitos de um revestimento de barreira térmica pulverizado por plasma de ar sob duração de ciclo fixo a várias temperaturas. *Jornal da Sociedade Americana de Cerâmica, 96*(10), 3210-3217.

[60] Jinnestrand, M., & Sjostrom, S. (2001). Investigação por simulações de EF 3D de iniciação de fissuras de delaminação em TBC causada pelo crescimento de alumina. *Tecnologia de Superfícies e Revestimentos, 135(2),* 188-195.

[61] Sfar, K., Aktaa, J., & Munz, D. (2002). Investigação numérica de campos de tensão residual e comportamento de fissuras em sistemas TBC. *Ciência e Engenharia dos Materiais: A, 333*(1), 351-360.

[62] Martena, M., Botto, D., Fino, P., Sabbadini, S., Gola, M. M., & Badini, C. (2006). Modelação

da falha do sistema TBC: Distribuição de tensões em função da espessura do TGO e do desfasamento da expansão térmica. *Engineering Failure Analysis,13(3),* 409-426.

[63] Bialas, M. (2008). Análise de elementos finitos da distribuição de tensões em revestimentos de barreira térmica. *Surface and Coatings Technology, 202*(24), 6002-6010.

[64] Chang, G. C., Phucharoen, W., & Miller, R. A. (1987). Behavior of thermal barrier coatings for advanced gas turbine blades (Comportamento de revestimentos de barreira térmica para pás de turbinas a gás avançadas). *Surface and Coatings Technology, 30*(1), 13-28.

[65] Xie, W., Jordan, E., & Gell, M. (2006). Comportamento de tensão e fissuração de revestimentos de barreira térmica pulverizados por plasma utilizando um modelo constitutivo avançado. *Ciência e Engenharia de Materiais: A, 419(1),* 50-58.

[66] Ranjbar-Far, M., Absi, J., Shahidi, S., & Mariaux, G. (2011). Impacto da distribuição não homogénea da temperatura e da modelação do processo de revestimento no sistema de revestimento de barreira térmica. *Materials & Design, 32(2),* 728-735.

[67] Ranjbar-Far, M., Absi, J., Mariaux, G., & Smith, D. S. (2011). Modelação da propagação de fendas nas interfaces do sistema de revestimento de barreira térmica com diferentes espessuras da camada de óxido e diferentes morfologias de interface.*Materials & Design, 32*(10), 4961-4969.

Printed by Books on Demand GmbH, Norderstedt / Germany